"十四五"国家重点出版物专项规划

青少年人工智能科普丛书 | 总主编 邱玉辉

数据挖掘

编著 刘洪涛

参编 熊 康 汪 茧

吴三奇 唐志强

曹鹏举 舒雅宁

刘 畅

西南大学出版社

国家一级出版社 全国百佳图书出版单位

图书在版编目(CIP)数据

数据挖掘 / 刘洪涛编著. -- 重庆 : 西南大学出版社, 2025. 3. -- ISBN 978-7-5697-3014-2

Ⅰ. TP274-49

中国国家版本馆 CIP 数据核字第 20253EJ403 号

数据挖掘

SHUJU WAJUE

刘洪涛◎编著

图书策划:张浩宇　李　君
责任编辑:钟孝钢　张浩宇
责任校对:蒋云琪
装帧设计:闰江文化
排　　版:陈智慧
出版发行:西南大学出版社(原西南师范大学出版社)
　　　　地址:重庆市北碚区天生路 2 号
　　　　邮编:400715
经　　销:全国新华书店
印　　刷:重庆市远大印务有限公司
成品尺寸:140 mm×203 mm
印　　张:5.75
字　　数:150 千字
版　　次:2025 年 3 月　第 1 版
印　　次:2025 年 3 月　第 1 次印刷
书　　号:ISBN 978-7-5697-3014-2
定　　价:38.00 元

总主编简介

邱玉辉，教授（二级），西南大学博士生导师，中国人工智能学会首批会士，重庆市计算机科学与技术首批学术带头人，第四届教育部科学技术委员会信息学部委员，中共党员。1992年起享受政府特殊津贴。

曾担任中国人工智能学会副理事长、中国数理逻辑学会副理事长、中国计算机学会理事、重庆计算机学会理事长、重庆市人工智能学会理事长、重庆计算机安全学会理事长、重庆软件行业协会理事长、《计算机研究与发展》编委、《计算机科学》编委、《计算机应用》编委、《智能系统学报》编委、科学出版社《科学技术著作丛书·智能》编委、《电脑报》总编、美国IEEE高级会员、美国ACM会员、中国计算机学会高级会员。长期从事非单调推理、近似推理、神经网络、机器学习和分布式人工智能、物联网、云计算、大数据的教学和研究工作。已指导毕业博士后2人、博士生33人、硕士生25人。发表论文420余篇（在国际学术会议和杂志发表人工智能方面的学术论文300余篇，全国性的学术会议和重要核心刊物发表人工智能方面的学术论文100余篇）。出版学术著作《自动推理导论》（电子科技大学出版社，1992年）、《专家系统中的不确定推理——模型、方法和理论》（科学技术文献出版社，1995年）、《人工智能探索》（西南师范大学出版社，1999年）和主编《数据科学与人工智能研究》（西南师范大学出版社，2018年）、《量子人工智能引论》（西南师范大学出版社，2021年）、《计算机基础教程》（西南师范大学出版社，1999年）等图书20余种。主持、主研完成国家“973”项目、“863”项目、自然科学基金、省（市）基金和攻关项目16项。获省（部）级自然科学奖、科技进步奖四项，获省（部）级优秀教学成果奖四项。

《青少年人工智能科普丛书》编委会

总序

人工智能(Artificial Intelligence,缩写为AI)是计算机科学的一个分支,是建立智能机,特别是智能计算机程序的科学与工程,它与用计算机理解人类智能的任务相关联。AI 已成为产业的基本组成部分,并已成为人类经济增长、社会进步的新的技术引擎。人工智能是一种新的具有深远影响的数字尖端科学,人工智能的快速发展,将深刻改变人类的生活与工作方式。世界各国都意识到,人工智能是开启未来智能世界的钥匙,是未来科技发展的战略制高点。

今天,人工智能被广泛认为是计算机化系统,它以通常认为需要智能的方式工作和反应,比如学习、在不确定和不同条件下解决问题和完成任务。人工智能有一系列的方法和技术,包括机器学习、自然语言处理和机器人技术等。

2016年以来,各国纷纷制订发展计划,投入重金抢占新一轮科技变革的制高点。美国、中国、俄罗斯、英国、日本、德国、韩国等国家近几年纷纷出台多项战略计划,积极推动人工智能发展。企业将人工智能作为未来的发展方向积极布局，围绕人工智能的创新创业也在不断涌现。

牛津大学的未来人类研究所曾发表一项人工智能调查报告——《人工智能什么时候会超过人类的表现》，该调查报告包含了352名机器学习研究人员对人工智能未来若干年演化的估计。该调查报告的受访者表示，到2026年，机器将能够写学术论文；到2027年，自动驾驶卡车将无需驾驶员；到2031年，人工智能在零售领域的表现将超过人类；到2049年，人工智能可能造就下一个斯蒂芬·金；到2053年，将造就下一个查理·托（注：一位知名的外科医生）；到2137年，所有人类的工作都将实现自动化。

今天，智能的概念和智能产品已随处可见，人工智能的相关知识已成为人们必备的知识。为了普及和推广人工智能，西南大学出版社组织该领域的专家编写了《青少年人工智能科普丛书》。该套丛书的各个分册力求内容科学，深入浅出，通俗易懂，图文并茂。

人工智能正处于快速发展中，相关的新理论、新技术、新方法、新平台、新应用不断涌现，本丛书不可能都关注到，不妥之处在所难免，敬请读者批评和指正。

邱玉辉

前言

数据挖掘作为现代信息技术的核心领域之一，经过多年的发展，已成为帮助人们从海量数据中提取有价值信息的重要工具。从商业决策支持到医疗诊断优化，从用户行为分析到市场趋势预测，数据挖掘技术的应用日益广泛，为社会发展带来了深远的影响。

本书旨在以通俗易懂的语言向读者介绍数据挖掘的基本原理与核心技术。通过深入浅出的讲解，帮助读者加深对数据挖掘技术及其在不同领域中实践应用的理解和掌握，激发读者对数据分析和人工智能技术的兴趣与热情。希望本书能成为读者了解数据挖掘技术的良师益友。

本书在编写过程中得到了多位朋友的帮助与支持。在此，我们特别感谢参与本书编写工作的熊康、汪茧、吴三奇、唐志强、曹鹏举、舒雅宁、刘畅等，他们在各章的撰写与校订过程中付出了大量心血，为本书的顺利出版做出了重要贡献。在此对他们的辛勤付出表示衷心的感谢。

目录
CONTENTS

第五章 数据挖掘中的机器学习

第六章 数据挖掘的应用案例

第七章 展望数据挖掘技术的未来

第一章 数据挖掘概论

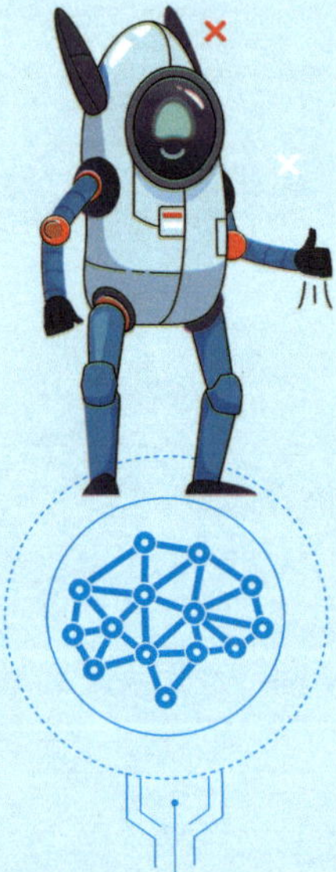

1.1 数据驱动的未来世界的缩影

在未来的世界里，数据将成为推动社会发展的核心驱动力，如同构建起一个全新世界秩序的基石。

清晨，当我们从睡梦中苏醒，智能家居系统早已根据我们的睡眠数据和健康监测数据，为我们调整好了室内的温度、湿度以及光线，营造出最适宜的起居环境。我们洗漱时，镜子上的智能显示屏会根据我们以往的消费数据和个人偏好，精准地推送适合我们的早餐以及附近餐厅的优惠信息。

走出家门，城市的交通系统在大数据的指挥下高效运转。每一辆车的行驶数据、道路的拥堵情况等信息被实时收集和分析，智能交通信号灯能够动态调整时长。公共交通也能根据客流数据进行精准调度，确保资源的高效利用。

因此，人们的认知和行动正日益与数据紧密相连，据相关研究显示，在现代企业的关键业务决策中，基于数据驱动的决策占比已超过60%。数据挖掘技术恰似一位技艺高超的魔法师，能从看似杂乱无章的数据海洋中提炼出珍贵的宝藏。

数据挖掘是深入数据底层，探寻其中隐藏的价值信息和知识的关键手段，如图1-1所示为数据挖掘工作流程示意图。

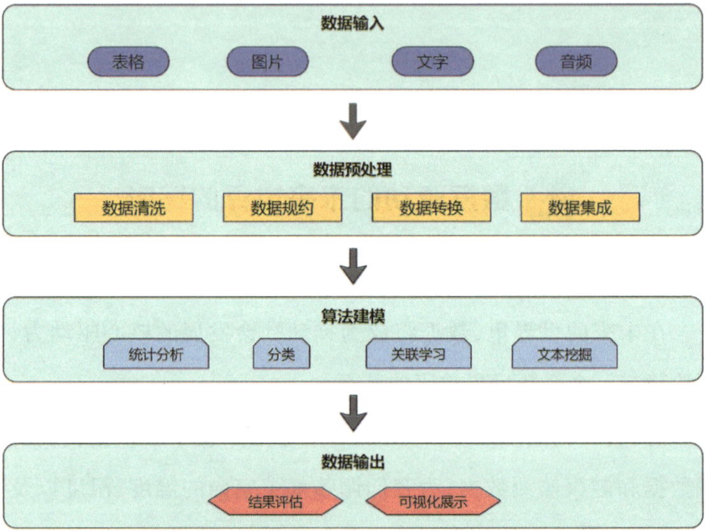

图 1-1　数据挖掘工作流程示意图

数据挖掘从范畴上可分为狭义与广义。狭义的数据挖掘专注于运用各类算法对数据进行深度剖析，以找出潜在的模式和规律。而广义的数据挖掘涵盖了从数据的初始收集，细致的预处理，到运用多种挖掘算法以及对最终结果的解读和实际应用的完整链条。它不仅是对数据内在奥秘的探索，更是将这些成果转化为实际生产力的重要过程。

在当今这个充满机遇与挑战的时代，有众多的决策辅助方法，例如基于经验的判断和简单的数据分析等，然而数据挖掘具有显著的优势。包括：

（1）全面性：相较于传统的单点分析方法，数据挖掘能够综合考虑多维度、大规模的数据，全面洞察事物的本质，其分析的覆盖范围可达95%以上的相关数据领域。

(2)创新性:通过对数据的创新解读和模式发现,能够催生全新的商业模式和问题解决方案,为社会和经济的发展注入源源不断的活力。

(3)适应性:可以根据不同的行业和领域特点,灵活调整算法和分析策略,快速适应各种复杂的应用场景。

1.2 数据挖掘技术的发展历程

数据挖掘作为信息技术领域的关键分支，在过去的几十年间经历了从初步探索到成熟应用的精彩历程。其发展的每个阶段都有着独特的技术突破和应用特点，对当今的社会生活产生了深远影响。大致可分为三个阶段，第一阶段（20世纪60年代—80年代）为早期萌芽阶段，第二阶段（20世纪90年代—21世纪初）为快速发展阶段，第三阶段（21世纪初—至今）达到成熟应用阶段。（图1-2）

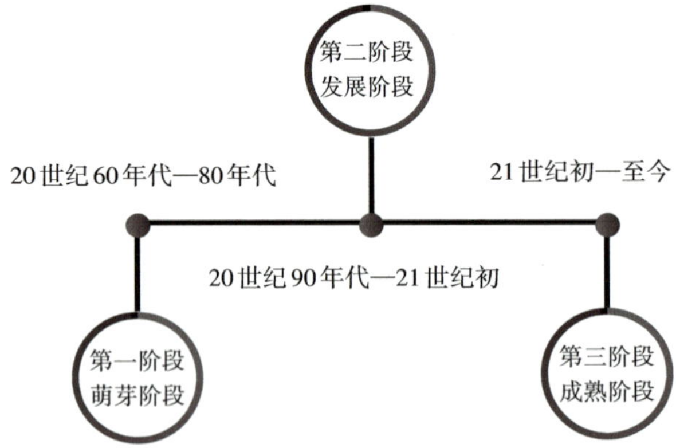

图1-2　数据挖掘技术的发展历程

一、早期萌芽阶段

在这一时期,数据挖掘的概念尚未正式形成,但一些相关的技术和方法已经开始出现。例如,统计分析方法在数据分析中得到了广泛应用,研究人员开始尝试使用统计学原理对数据进行建模和预测。同时,数据库技术也在不断发展,关系型数据库的出现为数据的存储和管理提供了便利。然而,由于数据量相对较小和计算能力的限制,数据分析主要还是以人工为主,自动化程度较低。

二、快速发展阶段

随着信息技术的飞速发展和互联网的普及,数据量呈爆炸式增长,数据挖掘技术逐渐受到关注。在这一阶段,一些重要的数据挖掘算法和技术开始涌现。例如决策树算法,这是一种常用的分类和预测方法,它通过构建树形结构来表示数据的分类规则,可以根据数据的特征自动生成决策树,实现对数据的分类和预测。

三、成熟应用阶段

21世纪以来,数据挖掘技术得到了快速发展和广泛应用。随着大数据时代的到来,数据挖掘面临着新的挑战和机遇。首先,大数据技术应运而生,Hadoop和Spark等技术为数据挖掘提供了强大的计算和存储能力,使得数据挖掘能够处理大规模的数据集。分布式计算框架的出现也使得数据挖掘算法可以在并行环境下运行,大大提高了计算效率。其次,深度学习的兴起给数据挖掘带来了极大的机遇,深度学习是机器学习的一个重要分支,它通过构建深度神经网络模型来实现对数据特征的自动提取和模式识别,可以用于数据的分类、预测和聚类等任务，取得了比传统算法更好的效果。同时，随着数据挖掘技术的发展，各种数据挖掘工具也不断涌现。这些工具涵盖了数据预处理、算法实现、结果可视化等多个环节，为用户提供了便捷的数据挖掘方案。例如，SAS、SPSS和Weka等数据挖掘工具在企业和科研机构中被广泛应用。

1.3 数据的类型与特征

数据有三种基本类型，且各自彰显独特特征。这些类型包括结构化数据、半结构化数据和非结构化数据，特征表现为多样性、高速性和价值性等。

一、数据的基本类型

数据的类型丰富多样，大致可分为结构化数据、半结构化数据和非结构化数据三大类，如图 1-3 所示。每一种类型的数据都有着其特点、表现形式以及应用场景，它们共同构成了庞大而复杂的数据世界。理解和掌握不同类型数据的特性，对于有效地存储、管理、分析和利用这些数据具有至关重要的意义。无论是企业的业务运营、科学研究的数据分析，还是日常生活中的信息处理，都离不开对这些不同类型数据的精准把握和合理运用。

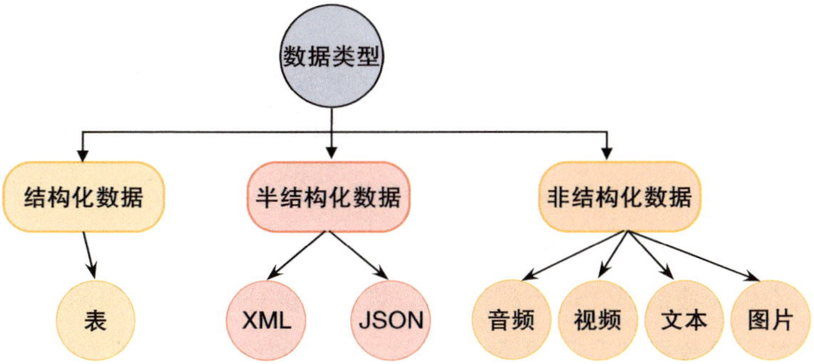

图 1-3　数据类型示意图

1. 结构化数据

结构化数据是具有明确格式和组织形式的数据类型，通常存储在关系型数据库中。例如，企业的财务报表数据，包含清晰定义的字段，如收入、成本、利润等，以表格的形式整齐排列。每一行数据都具有相同的结构和含义，便于进行查询、统计和分析。银行的交易记录也是典型的结构化数据，包括交易时间、交易金额、交易对象等详细信息，这些数据可以通过数据库的结构化查询语言（如SQL语言）进行高效的管理和处理。其特点是数据的一致性和规范性强，易于理解和处理，但在表达复杂的关系和含义时可能受到一定限制。

2. 半结构化数据

半结构化数据是具有一定的结构，但不像结构化数据那样严格遵循预定义的模式。常见的半结构化数据有XML和JSON格式的数据文件，以及电子邮件、网页等。以网页为例，它包含HTML标签来定义页面的结构，但其中的内容和信息分布相对灵活。XML和JSON数据可以包含各种自定义的标签和属性，用于描述数据的含义和关系。其特点是具有一定的灵活性和可扩展性，能够适应不同的数据表示需求，但在处理和分析时需要一定的解析和理解过程。

3. 非结构化数据

非结构化数据是没有固定结构的数据类型，常见的包括文本、图像、音频和视频等。文本数据如社交媒体上的用户评论、博客文章等，没有固定的格式和模式，内容丰富多样。图像数据包含各种像素信息，不同的图像具有不同的颜色、纹理和形状特征。音频数据则以声波的形式记录声音信息，视频数据是图像和音频的组合。其特点是数据量大、形式多样，蕴含着丰富的信息，但处理和分析难度较大,需要借助专门的技术和工具。

二、大数据的特征

大数据具有五大显著特征(如图1-4所示),这些特征共同构成了大数据的独特属性和价值,共同体现了大数据的重要地位和作用。

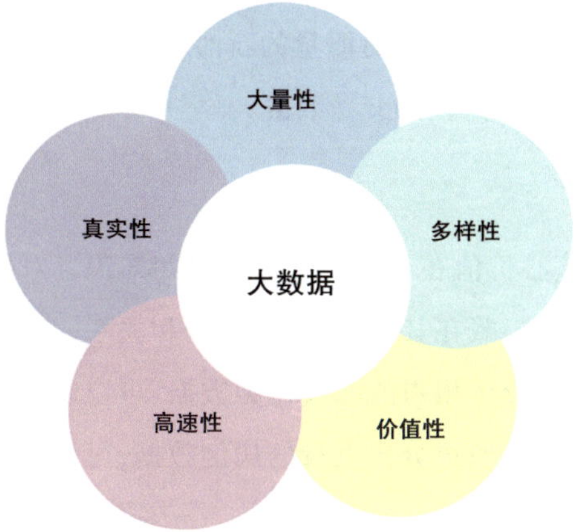

图1-4　大数据的特征

1.大量性

数据的大量性展现在其规模的宏大与数量的浩瀚之上。当今社会中,数据如同海洋般广阔无垠,无论是企业的运营数据、互联网的交互数据,还是各类设备的监测数据等,都在源源不断地生成和积累。如此庞大的数据量,既为我们带来了丰富的信息资源,也对数据的存储、管理和分析技术提出了严峻的挑战。

2.多样性

数据的多样性体现在其来源、类型和格式的丰富性上。数据可以来自不同的领域和行业,如金融、医疗、电商等,每个领域都有其独特的数据特点和需求。同时,数据的类型涵盖了结构化、半结构化和非结构化,每种类型都需要不同的处理方法和技术。

3.高速性

随着信息技术的发展,数据的产生和传播速度越来越快。互联网用户的每一次点击、传感器的每一次监测都在产生数据。例如,社交媒体平台上每分钟都有海量的新消息和内容发布,金融交易市场每秒钟都在产生大量的交易数据。

4.价值性

数据的核心价值在于其蕴含的信息和知识。对数据的分析和挖掘,可以发现隐藏在其中的规律、趋势和关系,为决策提供支持。例如,企业通过分析用户的购买行为数据,可以制订精准的营销策略;医疗科研人员通过分析大量的病例数据,可以制订疾病的治疗方法和预防措施。

5.真实性

数据的真实性是确保其有效应用的关键。在大数据环境中,数据来源复杂多样,质量参差不齐,可能存在错误、噪声和虚假信息。真实可靠的数据能够为决策提供准确的依据,而虚假或不准确的数据则可能导致错误的结论和决策。同时,在数据采集和传输过程中,也要采用安全可靠的技术手段,防止数据被篡改或损坏。

综上所述,了解数据的基本类型和特征是进行数据挖掘和分析的基础,只有深入理解这些内容,才能更好地利用数据为各个领域的发展提供支持。

1.4 数据挖掘的主要应用领域

一、数据挖掘在电商领域的应用

电商平台利用数据挖掘技术可以实现精准营销，而客户画像的构建是其实现的基础。当电商企业通过挖掘用户注册信息中的年龄、性别、地域等数据后，能针对不同年龄段、不同性别的用户群体，精准推送符合其需求的商品。例如向年轻女性推送时尚美妆产品，向中年男性推送商务办公用品。在用户的消费行为上，企业也可对用户的浏览历史和购买行为方面的数据进行深度剖析。若发现用户多次查看某类高端电子产品但未购买，就可及时推送该类产品的优惠信息以及专业评测内容，激发用户的购买意愿。同时，对于那些有周期性购买习惯的用户，比如定期购买母婴用品的用户，在临近其可能再次购买的时间节点时，提前为其准备好相关商品的内容和专属优惠，以促进其复购。（图 1-5）

图 1-5　精准推送商品

二、数据挖掘在医疗领域的应用

数据挖掘在医疗领域可用于疾病诊断和医疗资源管理。如在疾病诊断方面，某医院通过分析患者的病历数据、影像资料（图1-6）等，建立疾病诊断模型。例如在癌症诊断中，利用模型自动识别早期癌症病变特征，为医生提供辅助诊断建议。又如医生通过分析患者的基因数据和生活习惯等，预测疾病发生概率，对高风险人群提前进行预防干预。

在医疗资源管理方面，医院通过分析门诊量、住院人数等数据，合理安排医护人员工作排班。例如根据历史数据发现每周门诊量较大的天数，就在这些天增加门诊医生数量。同时，分析病床使用率等数据，优化病床分配，可对病床使用率高的科室适当增加病床数量。

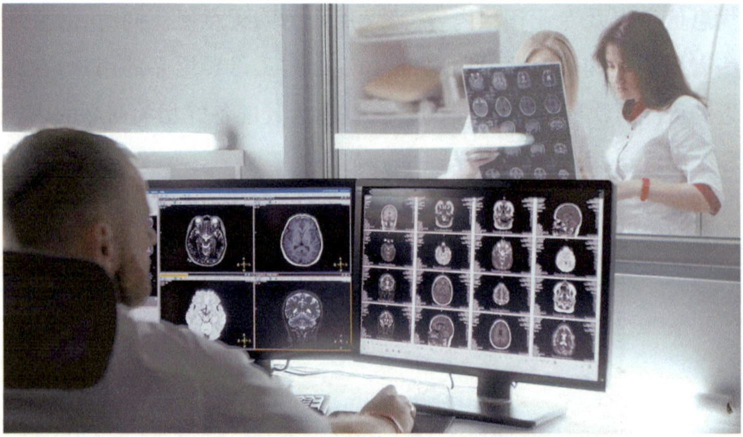

图1-6　医疗影像分析示意图

三、数据挖掘在金融领域的应用

数据挖掘在金融领域有着广泛的应用，涵盖银行、保险、证券等多个方面，如图1-7所示。

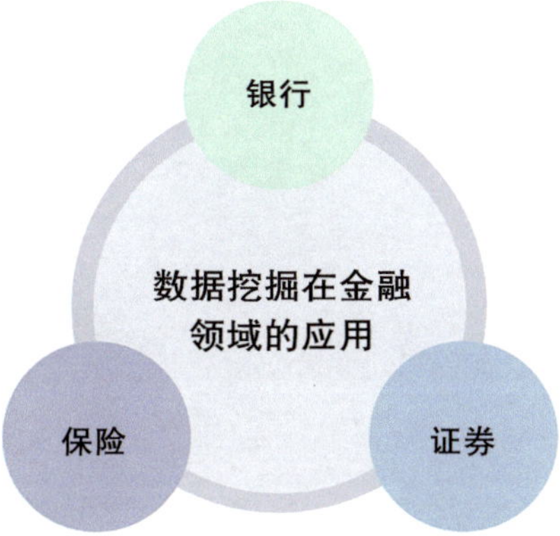

图1-7　数据挖掘在金融领域的应用

数据挖掘在银行领域，可用于客户信用评估。分析客户的基本信息、财务状况、交易记录等数据，建立信用评估模型。例如银行根据模型准确评估个人或企业的信用等级，以便决定是否发放贷款及确定贷款额度。又如持续监测客户的资金流水和消费行为变化，及时发现潜在的信用风险因素，提前做好风险防范措施。

数据挖掘在保险领域，可应用于理赔风险评估。在客户精准营销方面，分析客户的个人信息、健康数据、消费行为等，挖掘客户潜在的保险需求。例如根据客户的年龄、职业、家庭状况等因素，为其量身定制个性化的保险产品推荐方案。又如分析客户在互联网上的搜索行为和浏览记录，精准推送符合其需求的保险广告，提升营销效果。

数据挖掘在证券领域，可用于股票价格预测。通过整合分析历史股价数据、公司财务数据、宏观经济数据等，构建股票价格预测模型。例如根据模型预测股票价格的走势和波动范围，为投资者提供决策参考。又如相关公司通过实时监测有关新闻、社交媒体报道等非结构化数据，结合传统数据进行分析，及时发现影响股票价格的潜在因素。

第二章 数据预处理

在数据挖掘过程中，数据预处理是至关重要的步骤，它直接影响模型的性能和分析结果的准确性。在大数据时代，数据往往来源多样、规模庞大且形式复杂，通常伴随噪声、不完整、不一致等问题。未经过处理的数据可能会导致分析结果的偏差，甚至误导决策。因此，数据预处理不仅是解决这些问题的关键环节，更是提升数据表达能力的必要步骤。

数据预处理包括从数据理解与探索到数据清洗，再到特征工程的完整过程。每个环节都紧密相连，旨在将原始数据转化为高质量的、适合分析的数据。通过数据理解与探索，分析师能够深入了解数据的结构、类型和分布，并识别潜在的问题与模式。这一环节不仅有助于发现数据中的问题，还为后续的清洗和特征工程提供了重要的指导。数据清洗是确保数据质量的核心步骤。清洗过程涉及处理缺失值、异常值和重复数据，以提高数据的完整性和一致性，这一步骤是后续特征工程顺利进行的基础。特征工程是数据预处理的关键环节之一，旨在从清洗后的数据中提取和构造能够提升模型性能的特征。高质量的特征工程能够显著提高模型的预测能力和稳健性。

在本章中，我们将深入探讨数据预处理的核心内容，从数据理解与探索到数据清洗与特征工程，帮助构建高质量的数据，为后续的模型训练和分析打下坚实基础。

2.1 数据理解与探索

一、数据结构与类型分析

在数据挖掘的初期阶段，深入了解数据的结构与类型是至关重要的（图 2-1）。这一环节不仅为后续的分析和处理奠定了基础，也帮助分析师识别潜在的问题与挑战。数据结构与类型分析涉及对数据集的整体框架、各个字段的性质，以及数据类型的深入探讨。

图 2-1　数据结构与类型分析示意图

首先，我们需要明确数据集的基本结构。通常情况下，数据集可以看作是一张大型的表格，其中每一行代表一个独立的样本或数据记录，而每一列则对应一个特定的变量或属性。理解数据集的行数和列数，可以帮助我们掌握数据的规模及复杂程度。此外，明确每个字段的名称及含义，是深入分析数据的前提。然后，我们需要仔细分析各个字段的数据类型。数据类型通常可以分为数值型、类别型、文本型以及日期时间型等。数值型数据，如整数和浮点数，是用于度量和计算的基本类型；类别型数据则包括有限数量的类别或标签，常用于解决分类问题；文本型数据通常用于描述性信息，需要进行特定的预处理；日期时间型数据则用于处理与时间相关的分析，如时间序列预测。

了解数据类型不仅有助于选择合适的分析方法，还能够帮助我们识别可能需要特别处理的字段。例如，数值型数据可以直接用于统计分析和机器学习模型，而类别型数据则可能需要进行编码转换，才能输入到模型中。文本数据则可能需要进一步的自然语言处理步骤，如分词和词向量化。

数据结构与类型分析还包括识别数据中的关键字段或主键，这些字段通常用于唯一标识每个样本。例如，在用户行为数据中，用户 ID 可能是主键，用于唯一标识每个用户的行为记录。理解这些关键字段，有助于在数据整合等操作中保持数据的一致性和完整性。

数据结构与类型分析是数据挖掘过程中的首要步骤，它为我们提供了对数据的初步认知，帮助我们为后续的数据清洗、转换和特征工程做好准备。通过系统地分析数据的结构和类型，我们能够更好地掌握数据的特征，从而制订更加精准的分析策略。

二、数据统计描述

在数据分析的过程中，描述性统计分析（图 2-2）是理解数据特征和分布的基础工具。通过计算和分析一系列统计指标，我们能够揭示数据的集中趋势、离散程度以及数据的分布形态，为后续的数据处理和建模提供重要的参考。

图 2-2　描述性统计分析示意图

1. 平均值与中位数

平均值是最常见的集中趋势指标，它代表了数据的整体水平，即所有数据点的总和除以数据点的数量。然而，平均值对极端值（如异常值）的敏感性较高，因此当存在异常值时，它可能无法准确反映数据的中心位置。为了解决这一问题，中位数作为另一种集中趋势的度量指标则显示出独特的优势。中位数表示数据排序后处于中间位置的值，不受极端值的影响，因此在数据分布不对称或存在异常值的情况下，它更能代表数据的真实中心。

2.众数

除了平均值和中位数，众数也是描述数据集中趋势的关键指标，尤其是在分析类别型数据时。众数表示数据集中最常出现的值，可以揭示数据集中哪一类别的数据最多。对于某些数据集，可能存在多个众数，反映出数据的多峰分布特性。

3.方差与标准差

在分析数据的离散程度时，方差和标准差是两个重要的指标。方差表示数据点与均值之间偏离程度的平方和的平均值，而标准差则是方差的平方根，它具有与数据原始单位相同的量纲，便于直接解释。标准差越大，表示数据的波动性越大，数据点分布越分散。如果数据的标准差较小，则表明数据点较为集中，围绕均值分布。

4.四分位数

四分位数是将一组数据按照从小到大(或从大到小)的顺序排列后，把数据分成四等份的三个数值。这三个数值分别称为第一四分位数、第二四分位数和第三四分位数。

第二四分位数实际上就是中位数，它将数据分为上下两部分，各占50%。第一四分位数是位于数据下半部分的中位数，第三四分位数是位于数据上半部分的中位数。通过分析四分位数，我们可以更好地理解数据的分布范围，并识别数据中的异常值或极端值，尤其是在使用箱线图进行可视化时，这些指标显得尤为重要。

5.偏度与峰度

除了以上这些指标，描述性统计还可以包括偏度和峰度等更高级的分析方法。偏度衡量数据分布的对称性，正偏度表示数据向右倾斜，负偏度表示数据向左倾斜。而峰度则反映了数据分布的陡峭程度，高峰度表示分布集中且尖锐，低峰度则表示分布平缓。

通过这些描述性统计分析，我们不仅可以获得对数据的全面理解，还能识别出数据中潜在的问题，如异常值、偏态分布等。这些统计结果为后续的特征工程和建模步骤奠定了坚实的基础，是数据预处理中不可或缺的部分。

三、数据可视化

如图2-3所示，常用的数据可视化图形有柱状图、条形图、饼图、环形图、线形图、面积图、散点图、气泡图、雷达图和仪表图等，每种图形都在数据预处理中扮演着特定的角色。

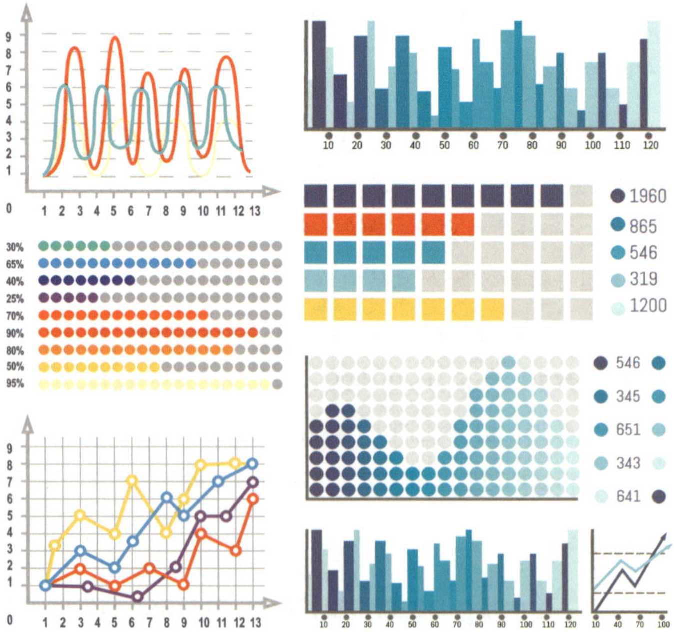

图2-3　常用数据可视化图形示意图

1.柱状图与条形图

柱状图和条形图是分析类别型数据分布的基本工具。在数据预处理中,通过这些图表,我们能够清楚地看到各类别数据的分布情况,识别是否存在类别不平衡问题。如果发现某些类别显著偏少,这可能会影响模型的训练效果,提示我们需要在后续步骤中进行数据平衡处理,例如通过过采样或欠采样技术来处理数据不平衡的问题。

2.饼图与环形图

饼图和环形图能直观展示数据中的比例关系。在数据预处理阶段,这些图形可用于检测数据中某些类别或变量的占比是否合理。例如,在处理客户数据时,如果某一类型客户的占比过大或过小,可能会导致模型的偏差,这时我们可以考虑在预处理中对数据进行调整,确保各类别数据的平衡性。

3.线形图和面积图

线形图和面积图通常用于分析时间序列数据,这对于数据预处理尤为重要。通过这些图表,我们可以识别数据中的趋势、周期性波动以及异常值。例如,在处理销售数据时,线形图能够清晰展示销售额随时间变化的情况,如果发现某些时间点有异常的波动,我们可以在数据预处理中进行时间序列平滑或异常值处理,以提高数据质量。

4.散点图和气泡图

散点图和气泡图是探索变量之间关系的有效工具。在数据预处理阶段,这些图形可以帮助我们识别变量之间的相关性以及线性或非线性关系。如果发现两个变量之间存在高度相关性或共线性问题,可能需要在后续的特征工程中进行降维处理,以减少冗余信息,简化模型复杂性并提高预测精度。

5.雷达图和仪表图

雷达图和仪表图虽然在数据分析和监控中更为常用,但在数据预处理阶段也可以发挥作用。例如,雷达图可以帮助我们比较多个特征的分布情况,识别是否有特征表现出异常的分布或不均衡现象,而仪表图则可以用于实时监控关键变量的处理效果,确保数据预处理的每一步都达到预期的目标。

从上面的介绍可以看出,这些数据可视化工具不仅是展示数据的利器,更是数据预处理过程中的得力助手。通过数据可视化,我们能够迅速发现数据中的异常、缺陷和潜在问题,从而为后续的清洗、转换和特征工程提供明确的指导。随着数据量和复杂性的增加,数据可视化在预处理阶段的重要性愈发突出,它帮助我们确保数据的高质量和模型的可靠性。

在数据预处理过程中,相关性分析是一项关键任务,它帮助我们深入理解变量之间的关系,识别潜在的线性或非线性关联。通过计算相关系数(如皮尔逊相关系数或斯皮尔曼相关系数),我们能够量化两个变量之间的相关性强度,从而判断它们是否具有共同的趋势或模式。

如果两个变量之间存在强相关性,这可能表明它们在某种程度上是冗余的。在这种情况下,保持两个高度相关的变量可能不会为模型带来额外的信息,反而会增加模型的复杂性。因此,我们可以在后续的特征选择或降维步骤中,考虑去除冗余变量,以简化模型结构，提高模型的泛化能力和计算效率。相关性分析不仅能够帮助我们识别冗余变量，还可以揭示数据中隐藏的模式，为特征工程提供重要的指导。例如，通过发现某些特征与目标变量的强相关性，我们可以选择保留这些有价值的特征，或者进一步对它们进行交互特征构造，提升模型的预测能力。数据预处理在数据挖掘过程中扮演着关键角色，是确保数据质量、提升模型性能的基础。

通过数据理解与探索，我们获得了对数据结构和分布的深刻认识，利用统计描述和可视化手段，揭示了数据中的基本模式和潜在问题。数据清洗则集中解决了数据中的不一致与错误，处理了缺失值、异常值和重复数据等问题，确保数据的准确性和完整性。特征工程方面，通过提取和构造关键特征，增强了数据对模型的表达能力，从而提升了模型的效果。数据相关性分析帮助识别变量之间的冗余，为优化特征选择提供了依据。

2.2 数据清洗

图2–4的数据含有缺失值,而含有缺失值的数据对后续的模型训练是有影响的,减少缺失值对模型训练的影响,这称为数据清洗。

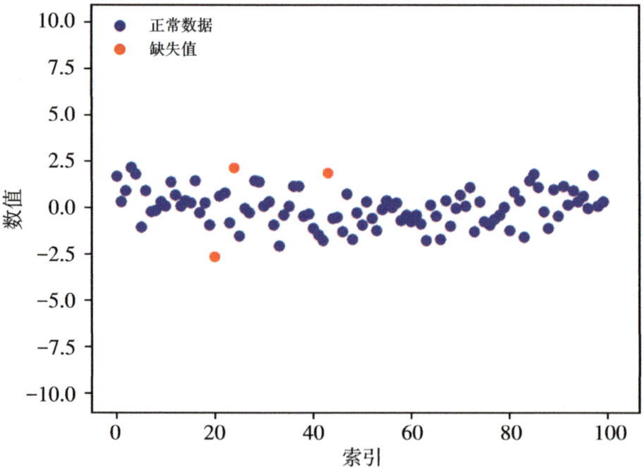

图2–4　含有缺失值的数据示意图

一、删除含有缺失值的记录

在数据清洗过程中,删除含有缺失值的记录是处理缺失值的一种简单而直接的方法。这种方法在缺失值比例较低或数据集中缺失值分布较为随机的情况下,通常是有效且合理的选择。然而,尽管这一方法操作简单,但使用需谨慎,因为它可能会造成数据量的减少以及样本代表性不强等影响。

(一)删除含有缺失值记录的适用情况

1. 缺失值比例较低

当缺失值只影响到数据集中很小的一部分记录时,删除这些记录通常不会对数据的整体结构和分析结果产生重大影响。例如,某一特征中仅有1%—2%的记录存在缺失值,删除这些记录对模型训练和预测的影响是可以忽略的。

2. 缺失值随机分布

当缺失值在数据中随机分布时,删除含有缺失值的记录往往不会引起系统性偏差。这意味着被删除的记录与剩余数据集具有相似的分布特征,因此删除这些记录对数据集的代表性影响较小。

(二)删除含有缺失值记录可能造成的影响

1. 数据量减少

删除含有缺失值的记录会直接导致数据量的减少。在一些数据集较小的情况下,这可能会大大减少可用于分析和建模的样本数量,从而影响模型的训练效果。特别是在高维数据中,删除记录可能会导致特定子集的数据严重不足。

2. 样本代表性不强

如果缺失值的分布不是随机的,那么删除含有缺失值的记录可能引入偏差,从而使剩余数据集不再具有代表性。例如,某些记录因特定原因(如某个变量的值较高或较低)而出现缺失,那么删除这些记录可能会导致分析结果的偏差,进而影响模型的预测能力。

3. 可能丢失有用信息

有时,含有缺失值的记录中可能包含其他重要信息。例如,一些重要的变量可能在记录中只缺失了少量特征，而删除整条记录可能会导致丢失这些重要的信息。特别是在多特征分析中，保留这些记录可能对整体分析有重要价值。

（三）删除缺失值记录之前的措施

在决定是否删除含有缺失值的记录时，数据分析师需要权衡数据量的损失与潜在的分析偏差。通常，在删除之前可以考虑以下措施。

1. 评估缺失值的分布

先分析缺失值的分布情况，判断删除这些记录是否会对数据集的代表性产生显著影响。

2. 考虑数据集的整体规模

如果数据集规模较大，删除少量含有缺失值的记录可能不会对分析结果产生明显影响，但在小数据集上可能就不可行。

3. 替代策略

如果删除记录会显著影响数据量或代表性，可以考虑使用其他处理方法，如缺失值填补等，以最大程度保留数据中的有用信息。

一种常见的方法是使用统计值（如均值、中位数、众数）或相似记录的值来填补缺失值。这种方法保持了数据集的完整性，但需要注意，简单的填补方法可能会引入偏差，尤其是当数据集并非随机分布时。对于更复杂的情况，可以使用插补法（如K近邻插补、线性插值或基于机器学习的插补方法）来预测缺失值。这些方法通常基于数据集中其他变量的信息来推断缺失值，从而提供更为准确的填补结果。在某些情况下，可以选择不填补缺失值，而是直接标记这些缺失值，并在模型中考虑它们的存在。某些机器学习算法（如决策树）能够有效处理含有缺失值的输入数据，而无需提前进行填补。

二、异常值处理

（一）异常值检测方法

在数据分析的奇妙世界里，异常值检测可是个相当关键的“魔法棒”！想象一下，你手头有一堆数据，其中有个数据点就像鹤立鸡群一样，明显比其他小伙伴高出一大截，这种格格不入的家伙就是异常值啦。它要是赖在数据里不走，那模型结果就可能被它搅得一团糟，所以得赶紧用合适的办法把这些捣乱分子揪出来处理掉。

咱先来说说基于统计学的基础检测大法。就拿Z分数法来讲，这就好比给每个数据点都来一场“与均值的距离挑战赛”。先算出每个数据点和均值之间相差了几个标准差，要是某个数据点的Z分数值太“放飞自我”，超过了通常设定的3或者-3这个界限，那它就相当于在比赛里跑太远出圈啦，会被判定为异常值。你看图里那个特别高的数据点，用Z分数法一测，说不定就得出个超高的正值，妥妥被标记成异常。

基于距离的检测方法也是抓异常值的“小能手”。比如说K近邻算法（英文缩写：KNN），它的思路很有趣，就看每个数据点和周围最近的邻居距离有多远。要是有个点像个不合群的家伙，离它的邻居们远远的，就像图里那个远离大部队的数据点，KNN算法就能敏锐地察觉到，把它拎出来当成异常值。还有密度聚类方法，它是看数据点是不是扎堆在高密度区域。那些孤单单飘在密度区域外边，像在数据海洋里的“孤岛”一样的点，大概率就是异常值啦，图里那个异常点没准就是这么被发现的。

更厉害的还有呢，像孤立森林和支持向量机这些复杂模型方法。孤立森林就像是玩一场数据捉迷藏，它建起好多棵随机树来分割数据，那些孤立的数据点，往往就是异常值。你看图画里那个孤零零的点，在孤立森林里可能一下子就被逮着，被贴上异常的标签。而支持向量机（英文缩写：SVM）呢，像是个数据空间里的“超级卫士”，它通过构建分类边界，把那些偏离数据主趋势、瞎跑乱窜的点，像图里那个特别扎眼的异常点，给隔离起来，认定是异常值。

通过这些奇妙又有效的方法，咱们就能像火眼金睛的孙悟空一样，把数据里的异常值一个个找出来处理好，让咱们后续建的模型既准确又稳稳当当，不怕被异常值捣乱啦。图2-5里展示的那个异常值，就是用这些方法重点“关照”的对象。

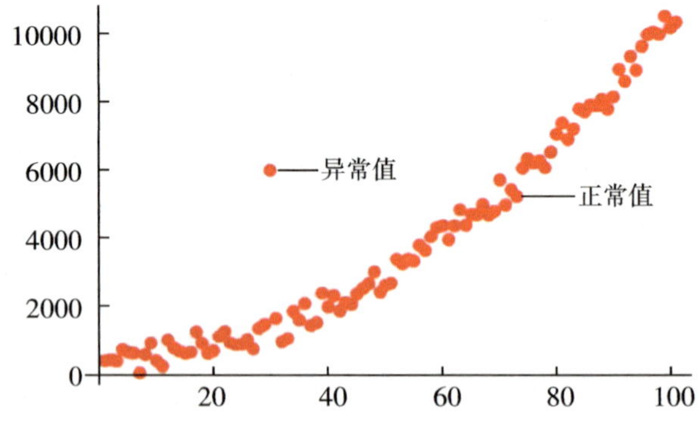

图2-5　异常值示意图

（二）异常值处理策略

在数据分析和建模过程中，处理异常值是一个不可忽视的步骤。异常值处理策略直接影响数据的质量和模型的表现,因此需要根据具体情况选择合适的方法。

一种常见的异常值处理策略是删除异常值。当异常值的数量较少且其存在对整体数据分析结果影响较小时,直接删除这些异常值是简单而有效的方法。删除这些偏离整体趋势的点,可以避免它们对模型训练造成干扰。然而,删除异常值也可能导致数据的样本量减少,尤其在小数据集中,过多删除数据可能导致数据不足,因此这一方法只适用于在数据集足够大的情况下进行。

另一种处理策略是替换或修正异常值。对于某些情况,直接删除异常值可能导致信息损失,因此可以选择将异常值替换为更合理的数值。例如,可以使用均值、中位数或其他统计量来替换异常值,或者使用插补法预测出更符合数据分布的替代值。这样做的好处是保留了数据记录的完整性,但要注意的是,替换后的值必须具有合理性,否则可能会引入新的偏差。

保留并标记异常值是第三种策略。在某些分析中,异常值本身可能包含重要的信息,尤其是在故障检测、异常行为监测等场景中,异常值可能反映了极端或异常的现象。因此,保留异常值并在分析过程中给予特别处理也是一种策略。可以通过创建一个新的二元变量来标记异常值,使得模型能够识别并处理这些特殊数据点。在这种策略下,模型可以学习到如何在存在异常数据的情况下做出正确的预测,而不是完全删除这些数据。

每种异常值处理策略都有适用的场景和局限性,因此在选择时需要充分考虑数据集的特性和分析的目标。合理的异常值处理,能够更好地提升数据的质量和模型的表现,从而得出更可靠的分析结果。

三、数据去噪与过滤

在数据预处理过程中,数据去噪与过滤是提升数据质量的重要步骤。噪声是指数据中的随机误差或无意义信息,它们可能会干扰模型的训练和预测,导致分析结果偏差。因此,去除噪声以确保数据的清洁性至关重要。结合前面提到的异常值检测与处理,去噪的一个目标是去除这些明显偏离正常的数据点。然而,去噪不仅限于异常值,还包括处理数据中的微小波动。例如,在时间序列数据中,平滑滤波(如移动平均滤波)能够减少短期波动,突出长期趋势,从而提供更清晰的数据信号。数据聚合也是一种有效的去噪手段,特别是在处理大规模数据时,通过对数据进行汇总或平均,减少个别数据点的噪声影响。聚合不仅简化了数据,还增强了数据的代表性。最终,数据去噪与过滤旨在确保数据的稳定性和一致性,为后续的模型训练提供高质量的数据,进而提升分析结果的可靠性。这一步骤在数据预处理过程中不可或缺,是构建稳健模型的重要环节。

2.3 特征工程

在完成数据理解与探索、数据清洗等预处理工作后，数据已经具备了较高的质量和一致性。然而，这个阶段的数据并不足以充分发挥模型的潜力。为了让模型更好地理解数据并做出准确预测，需要通过特征工程来提取、转换和构建数据更加有用的特征。

特征工程是数据预处理中至关重要的一步，它直接决定了模型的表现和最终的分析效果。在这个环节中，我们将对前面通过缺失值处理、异常值处理和去噪过滤后得到的高质量数据进行进一步的挖掘，将数据中的信息转化为模型能够高效利用的特征。这一过程不仅能提高模型的准确性，还能增强模型的泛化能力，为后续的建模奠定坚实的基础。

一、特征选择

特征选择是特征工程中的重要环节，目的是从原始数据中挑选出最具代表性的特征，减少数据维度，去除冗余或无关的信息，从而提高模型的性能和效率（图 2–6）。高维数据中往往包含大量的特征，但并非所有特征都对模型的预测结果有积极贡献，一些无关或冗余的特征甚至可能会引入噪声，导致模型过拟合或性能下降。因此，特征选择在模型构建过程中至关重要。

图2-6 特征选择示意图

常见的特征选择方法可以分为三类。

1. 过滤法

过滤法是基于特征的统计特性进行选择，而不依赖于具体的模型。例如，可以通过相关性分析、方差阈值等方法过滤掉与目标变量相关性低或方差较小的特征。过滤法的优点是计算简单、速度快，适合在初步筛选时使用。

2. 包裹法

包裹法直接利用模型性能来评估特征的优劣，通过递归特征消除等方法，逐步添加或移除特征，并根据模型在验证集上的表现来选择最优特征集。这种方法虽然更为准确，但计算成本较高，适用于特征数量相对较少的情况。

3. 嵌入法

嵌入法将特征选择过程与模型训练结合起来，例如在正则化模型（如Lasso回归）中，通过引入惩罚项自动选择重要特征。树模型（如随机森林）也常用于特征重要性评估，基于这些模型的选择结果，可以有效减少无关特征，提高模型的泛化能力。

特征选择不仅能降低模型的复杂性，提高训练效率，还能增强模型的可解释性。在实践中，合理的特征选择可以显著提升模型的性能，同时降低过拟合的风险，为后续的模型训练打下坚实的基础。

二、特征提取与构造

O2O（注：在数据挖掘中，O2O 即 Online To Offline，意为“线上到线下”。）主要涉及将线上的用户引导至线下的实体商业场景，或者将线下的商业活动数据与线上的数据进行整合分析。

以某商业平台 O2O 优惠券预测为例，特征工程在整个建模过程中扮演着至关重要的角色。O2O 场景天然地连接了线上与线下消费行为，这不仅使得用户行为数据丰富多样，也使得如何从这些海量数据中提取有用信息成为一项重要挑战。任务目标是分析用户在 O2O 平台上的行为数据，精准预测用户是否会在规定时间内使用优惠券。要实现这一目标，特征工程的设计与实现将直接决定模型的表现和预测的准确性。

在这个背景下，构建合适的特征成为提高预测效果的关键步骤。对用户行为、优惠券属性、商家信息以及地理位置等多维数据的深入分析，能够提取出对模型预测最有价值的特征，并通过合理的特征转换和组合，进一步增强模型的表现力。下面的例子以某商业平台 O2O 优惠券案例来展示如何做特征提取，所用图中的相关代码仅为给读者一个直观印象。

1. 用户行为特征提取

提取用户行为特征是预测用户是否会使用优惠券的关键。可

以通过提取用户的历史行为信息，比如用户使用优惠券的频率、习惯等。（图 2–7）

```python
import pandas as pd

# 假设我们有一个包含用户使用优惠券记录的数据集
data = pd.DataFrame({
    'User_id': [1, 2, 1, 2, 3],
    'Coupon_id': [101, 102, 103, 101, 102],
    'Date_used': ['2024-01-10', '2024-01-11', None, '2024-01-12', None]
})

# 计算用户使用优惠券的次数
user_coupon_usage = data.dropna(subset=['Date_used']).groupby('User_id').size().reset_index(name='Coupon_usage_count')

print(user_coupon_usage)
```

图 2–7　用户过去使用优惠券的次数的代码

2. 优惠券属性特征提取

优惠券的属性，程序中用 Discount_rate 和 Coupon_id 来存储，也是影响用户行为的重要因素。我们可以提取出一些反映优惠券吸引力的特征。（图 2–8）

```python
# 将折扣率从字符串转化为数值形式
data['Discount_rate'] = data['Discount_rate'].apply(lambda x: float(x.split(':')[0]) / float(x.split(':')[1]) if ':' in x else float(x))

# 检查转换后的折扣率
print(data[['Coupon_id', 'Discount_rate']])
```

图 2–8　优惠券折扣力度的代码

这里我们将 Discount_rate 转换为数值形式，以便模型能够更好地理解折扣力度。对于满减优惠券，我们将其转换为折扣比例。

3. 商家与地理位置特征提取

商家的特性和用户与商家的地理距离也会影响用户是否使用优惠券。我们可以提取这些特征来反映商家的吸引力和用户使用的便利程度。（图 2–9）

```python
# 计算每个用户与商家的平均距离
user_merchant_distance = data.groupby('User_id')['Distance'].mean().reset_index(name='Avg_distance')

print(user_merchant_distance)
```

图 2–9　用户与商家的平均距离的代码

这段代码计算了每个用户与商家之间的平均距离，以 Avg_distance 特征表示。该特征可以用于分析用户的便利性和优惠券使用意愿之间的关系。

4.时间特征提取

时间特征可以帮助模型捕捉用户行为的时间规律。Date_received 列可以用来提取用户接受优惠券时间的相关特征。(图 2-10)

```
# 提取用户接收优惠券的月份
data['Month_received'] = pd.to_datetime(data['Date_received']).dt.month

print(data[['Coupon_id', 'Month_received']])
```

图2-10　优惠券接受的月份的代码

这里，我们从 Date_received 中提取了用户接受优惠券的月份 Month_received，这可以帮助模型捕捉季节性消费行为。

以上我们用一些代码实例向读者展示了特征提取的实际操作，读者无需深入了解这些代码，只需有个直观印象即可。

第三章 常用的数据挖掘算法

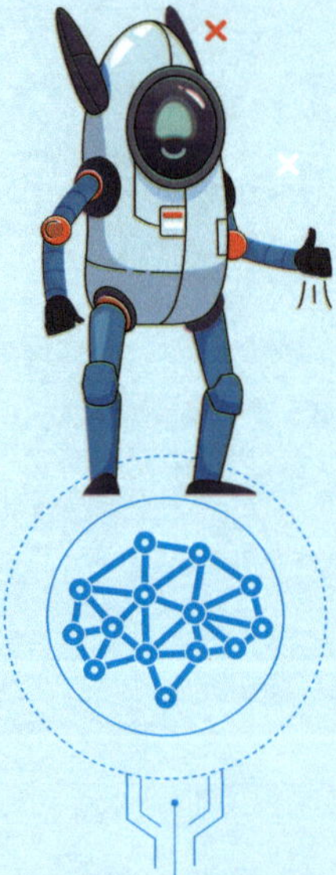

在数据挖掘的世界里,算法是从大量数据中提取有价值信息的核心工具。数据挖掘需要从各种形式的原始数据中发现模式、关系和趋势,这些发现可以帮助企业做出更好的决策、改进产品、优化业务流程,甚至预测未来的行为和结果。本章将重点介绍三类常见且重要的数据挖掘算法:分类算法、回归分析和聚类方法。通过本章的学习,读者将理解这些基本的数据挖掘算法的原理、应用场景以及它们在实际问题中的价值。这些算法不仅是数据科学家工具箱中的重要部分,也是任何希望从大数据中获取信息的专业人士必备的知识。无论是在商业分析、学术研究还是工程应用,这些算法都能为你提供强大的支持,帮助你从数据中发掘有意义的模式和关系。

3.1 分类算法

一、分类算法

分类算法是一种机器学习算法,主要用于将示例分配到特定类别中。一个简单的例子是将电子邮件分类为"垃圾邮件"和"正常邮件"(图 3-1)。在这部分,我们将深入了解分类算法的主要内容,包括分类概述、基本模型、模型评估和实际应用。

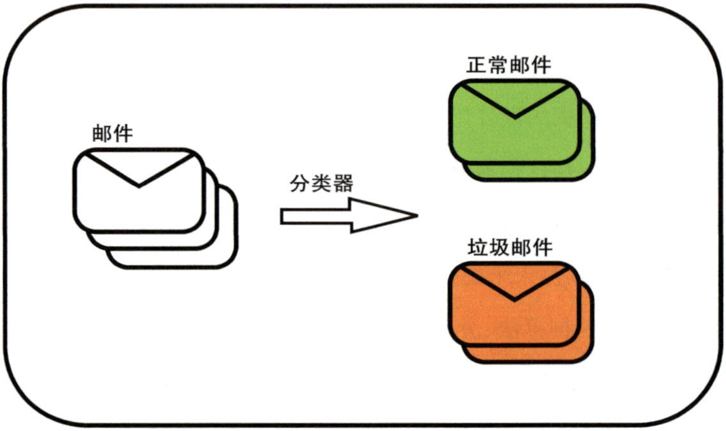

图3-1　邮件分类示意图

从技术层面上看，算法究竟是怎么工作的？如果你想成为一名高级数据科学家，就需要了解“为什么”，只有明白了原理，才能在使用这些算法或模型时更加自信。

分类算法包括监督学习和非监督学习两种基本类型。在有标签的情况下，使用的是监督学习；在没有标签的情况下，则是非监督学习。监督学习中又分为两种情况：分类和回归。分类算法可以是二分类的，也可以是多分类的，后者通常通过将多类问题分解为多个二分类问题来解决。

二、常见的分类算法

分类算法有很多，常见的分类算法有以下几种。

(一)决策树算法

1.基本原理

决策树是一种树形结构，如图3-2所示，通过对数据进行一系列的特征测试，从根节点开始，根据不同的特征值选择不同的分支，直至到达叶节点，每个叶节点代表一种分类结果。

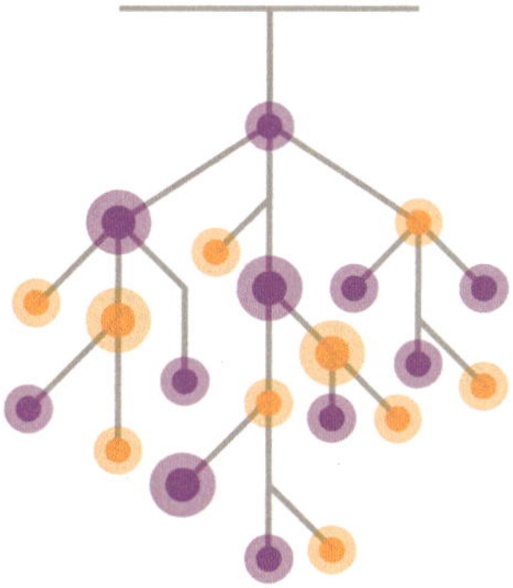

图3-2 决策树示意图

2.举例

比如ID3算法以信息增益为标准选择特征，C4.5算法在ID3基础上进行改进，采用信息增益率选择特征。CART算法既可以用于分类也可以用于回归，分类时使用基尼指数选择特征。

3.应用场景

适用于数据特征较为明确，且易于理解和解释的情况。例如在医疗诊断中，根据患者的症状、检查结果等特征来判断患者可能患有的疾病。

(二)随机森林算法

1.基本原理

随机森林是由多棵决策树组成的集成学习算法。通过对原始数据集进行随机采样和特征选择，构建多棵决策树，最后综合这些决策树的预测结果来进行分类。

2. 举例

在预测客户是否会购买某产品时，可以利用随机森林算法，综合考虑客户的年龄、收入、消费习惯等多个特征进行判断。

3. 应用场景

适用于处理高维数据和大规模数据集，具有较高的准确性和稳定性。在金融领域的信用评估、市场营销领域的客户分类等方面有广泛应用。

（三）支持向量机算法

1. 基本原理

支持向量机通过寻找一个最优超平面来对数据进行分类，使得不同类别的数据点到超平面的距离最大化。对于线性不可分的数据，可以通过某些函数（如核函数）将其映射到高维空间，使其变得线性可分。

2. 举例

例如在图像识别中，将图像的特征向量作为输入，利用支持向量机算法对不同的图像类别进行分类。

3. 应用场景

在小样本、高维数据和非线性分类问题上表现出色。常用于生物信息学、文本分类等领域。

（四）朴素贝叶斯算法

1. 基本原理

基于贝叶斯定理和特征条件独立性的假设，计算每个类别的先验概率和条件概率，然后根据贝叶斯公式计算后验概率，选择后验概率最大的类别作为预测结果。

2.举例

在垃圾邮件分类中，根据邮件中的单词出现频率等特征，利用朴素贝叶斯算法判断邮件是否为垃圾邮件。

3.应用场景

算法简单、计算速度快，适用于小规模数据和对实时性要求较高的场景。

（五）K最近邻算法

1.基本原理

对于一个新的数据点，找到训练数据集中离它最近的k个邻居，根据这k个邻居的类别进行投票，决定新数据点的类别。

2.举例

在电影推荐系统中，根据用户对其他电影的评分，利用K最近邻算法找到与目标用户兴趣相似的用户，然后向这些相似用户推荐电影。

3.应用场景

适用于样本数量较大、特征维度不高的情况。在推荐系统、模式识别等领域有广泛应用。

三、分类算法的优缺点

每种算法都有其优缺点，选择合适的算法需要考虑多个因素，比如算法的假设强度、模型的可解释性等。通常，假设越强的模型对数据的要求越高,而可解释性和预测精度往往是此消彼长的关系。

常见的分类算法有决策树、随机森林、支持向量机、朴素贝叶斯等,以下分别介绍这些分类算法的优缺点。

(一)决策树算法

1.优点

(1)易于理解和解释:决策树可以生成可视化的树状结构,直观地展示分类过程,便于人们理解数据的分类规则。

(2)对数据的要求较低:可以处理数值型和类别型数据,并且不需要对数据进行标准化或归一化处理。

(3)计算速度快:在处理小规模数据集时,决策树的构建速度较快,可以快速得到分类结果。

(4)可处理多分类问题:能够有效地处理具有多个类别标签的分类问题。

2.缺点

(1)容易过拟合:在处理复杂数据集时,决策树容易过度拟合训练数据,导致在测试集上的性能下降。

(2)不稳定:对数据的微小变化比较敏感,不同的数据集可能会生成不同的决策树结构。

(3)缺乏全局优化:决策树是基于局部最优的原则进行构建的,可能无法找到全局最优的分类方案。

(二)随机森林算法

1.优点

(1)准确性高:集成多个决策树,可以有效地提高分类的准确性和稳定性。

(2)不容易过拟合:由于随机森林中的决策树是随机生成的,并且在构建过程中进行了随机采样和特征选择,因此不容易过拟合训练数据。

(3)能够处理高维数据:对于具有大量特征的数据集,随机森林可以有效地进行特征选择,降低维度,提高分类性能。

(4)对异常值和噪声具有一定的鲁棒性:随机森林中的多个决策树可以相互补充,减少异常值和噪声对分类结果的影响。

2.缺点

(1)计算成本高:构建随机森林需要构建多个决策树,计算成本较高,特别是在处理大规模数据集时。

(2)解释性不如决策树:虽然随机森林的准确性较高,但生成的模型比较复杂,难以像决策树那样直观地解释分类规则。

(3)参数调整比较复杂:随机森林中有多个参数需要调整,如树的数量、特征选择方法等,参数调整比较复杂,需要一定的经验和技巧。

(三)支持向量机算法

1.优点

(1)在小样本、高维数据和非线性分类问题上表现出色:支持向量机通过寻找最优超平面来进行分类,可以有效地处理高维数据和非线性分类问题，特别是在样本数量较少的情况下，仍然能够取得较好的分类效果。

(2)泛化能力强：支持向量机通过最大化分类间隔来进行分类，可以有效地提高模型的泛化能力，减少过拟合的风险。

(3)对数据的分布不敏感：支持向量机只考虑样本点到超平面的距离，而不关心数据的具体分布情况，因此对数据的分布不敏感。

2.缺点

(1)计算复杂度高：支持向量机的计算复杂度较高，特别是在处理大规模数据集时，计算时间和空间开销都比较大。

(2)对参数和核函数的选择敏感：支持向量机的性能受到参数和核函数的选择影响较大，需要进行合理的参数调整和核函数选择，才能取得较好的分类效果。

(3)难以处理多分类问题：支持向量机主要是针对二分类问题设计的，对于多分类问题，需要进行一些特殊的处理，如一对多、一对一等方法，这些方法可能会增加计算复杂度和模型的复杂性。

(四)朴素贝叶斯算法

1.优点

(1)算法简单：朴素贝叶斯算法基于贝叶斯定理和特征条件的独立性假设，算法简单，易于实现。

(2)计算速度快：由于算法简单，朴素贝叶斯的计算速度非常快，特别是在处理大规模数据集时，可以快速得到分类结果。

(3)对小规模数据表现良好：在样本数量较少的情况下，朴素贝叶斯仍然能够取得较好的分类效果。

（4）对异常值不敏感：朴素贝叶斯对异常值不敏感，因为它是基于概率模型进行分类的，异常值对概率的影响较小。

2.缺点

（1）特征条件独立性的假设不总是成立：朴素贝叶斯算法基于特征条件独立性的假设，即假设各个特征之间是相互独立的。但在实际应用中，这个假设往往不成立，这会影响分类的准确性。

（2）对输入数据的表达形式敏感：朴素贝叶斯算法对输入数据的表达形式比较敏感，不同的表达形式可能会导致不同的分类结果。

（3）缺乏对特征之间关系的考虑：朴素贝叶斯算法只考虑了各个特征的概率分布，缺乏对特征之间关系的考虑，这可能会影响分类的准确性。

（五）K最近邻算法

1.优点

（1）原理直观易懂：基于实例学习，通过衡量待预测样本与已知样本间的距离，选取最近的“邻居”来决定其类别或数值，无需复杂的数学模型推导，易于理解与上手，即使非专业人士也能快速掌握其核心思路。

（2）多分类能力强：面对具有多个类别标签的数据，KNN 可直接依据近邻样本的多数类别归属，自然地实现多分类任务，无需像一些算法需额外构建复杂的多分类器结构。

（3）无需训练模型参数：属于非参数学习方法，不存在提前训练模型参数的过程，新数据加入时能即时投入使用，对动态变化的数据环境适应性良好,如实时更新的股票价格预测场景,随时可依据新行情数据给出参考。

(4)数据适应性广:不依赖于对数据分布的特定假设,无论是线性分布还是高度非线性的数据,只要合理选取近邻数量“k”,就能挖掘数据内在规律,精准完成分类或回归任务。

2.缺点

(1)计算效率低:预测阶段需计算待预测样本与全部训练样本的距离,当训练数据量庞大,如海量的电商用户行为数据,每次预测的计算开销巨大,耗时严重,难以满足实时性要求高的应用场景。

(2)对数据不平衡敏感:若数据集里面的不同类别样本数量差异大,即不平衡。那么在选取近邻时,少数类样本周边大概率是多数类样本,易导致少数类样本被误分类,像医学罕见病诊断数据中,少量的罕见病样本易被错判。

(3)受维度诅咒困扰:在高维数据空间,随着维度增加,样本间距离衡量变得复杂,且数据趋于稀疏,相近样本难觅,使得近邻关系不稳定,会造成分类准确率大幅下滑,如高维基因序列分析场景下KNN表现欠佳。

综上所述,K最近邻算法虽有不足,但凭借其显著优势在多个领域仍有广泛应用,理解其优缺点有助于更精准地运用该算法解决实际问题。

四、分类算法的应用

分类算法在众多领域都有广泛的应用,在这些应用中,分类算法帮助我们解决了许多实际问题,以下是一些主要的应用场景。

(一)金融领域

1.信用评估

银行和金融机构使用分类算法来评估客户的信用风险。通过分析客户的个人信息、财务状况、历史交易记录等数据,预测客户是否可能违约或拖欠贷款。例如,利用随机森林算法可以综合多个特征,准确地判断客户的信用等级,从而决定是否批准客户的贷款申请以及确定贷款利率。

2.欺诈检测

检测信用卡欺诈、保险欺诈等金融欺诈行为。分类算法可以分析交易数据中的异常模式,识别可能的欺诈交易。例如,支持向量机算法可以在高维数据中有效地识别出与正常交易模式不同的欺诈交易,及时发出警报,减少金融机构的损失。

(二)医疗领域

1.疾病诊断

根据患者的症状、检查结果、病史等数据,对疾病进行分类诊断。决策树算法可以根据不同的症状和检查指标逐步判断患者可能患有的疾病。例如,对于胸痛患者,通过分析心电图、血液检查结果等,决策树可以帮助医生快速确定患者是心脏病发作,胸膜炎,还是其他疾病。

2.医学影像分析

对医学影像(如X射线、CT、MRI等)进行分类,辅助医生诊断疾病。例如,利用深度学习中的卷积神经网络算法可以自动识别医学影像中的病变区域,并对病变进行分类,如判断肿瘤是良性还是恶性。

(三)市场营销领域

1.客户细分

将客户按照不同的特征和行为进行分类,以便企业制订个性化的营销策略。例如,通过K最近邻算法可以根据购买历史、年龄、性别等特征将客户分为不同的群体,针对不同群体推荐不同的产品和促销活动。

2.销售预测

预测产品的销售情况,帮助企业合理安排生产和库存。朴素贝叶斯算法可以根据历史销售数据、市场趋势、季节因素等,预测未来一段时间内产品的销售量,企业可以根据预测结果调整生产计划和库存水平,避免库存积压或缺货。

(四)自然语言处理领域

1.文本分类

将文本按照主题、情感等进行分类。例如,支持向量机算法可以对新闻文章进行分类,将其分为政治、经济、体育、娱乐等不同类别;朴素贝叶斯算法可以对用户评论进行情感分析,判断评论是积极的、消极的还是中性的。

2. 垃圾邮件过滤

利用分类算法识别垃圾邮件。例如，朴素贝叶斯算法可以根据邮件的标题、内容、发件人等特征，判断邮件是否为垃圾邮件，并将其自动过滤到垃圾邮件文件夹中。

（五）图像识别领域

1. 物体识别

识别图像中的物体类别。例如，可以对图像中的物体进行分类，识别出图像中的人、动物、车辆等不同物体。

2. 人脸识别

分析人脸图像的特征，对人员进行识别。例如，可以在安全监控、门禁系统等场景中准确识别出人员身份。

3.2 回归分析

回归分析是一种常用的数据分析方法，用来研究一个或多个自变量（影响因素）与因变量（结果）之间的关系。简单来说，它帮助我们理解和预测某些因素（如房屋面积、位置）如何影响我们关心的结果（如房价）。

一、线性回归

在回归分析中，最常见的就是线性回归，它假设自变量和因变量之间的关系是一条直线。这种方法很直观，比如你可能想知道温度上升是否会导致冰淇凌销量增加（图3-3）。通过线性回归，你可以找到一种数学表达式，用来预测在某个温度下的冰淇凌销量。

图3-3　冰淇凌销量示意图

线性回归是一种用于分析两个或多个变量之间关系的统计方法。在最简单的情况下，线性回归帮助我们理解一个自变量（影响因素）和一个因变量（结果）之间的关系，并且用一条直线来描述这种关系。

让我们用一个例子来解释线性回归的基本概念。假设你想知道每天的温度（自变量）与冰淇凌销量（因变量）之间的关系。你收集了一段时间内的温度和相应的冰淇凌销量数据，然后想要找到一种方法来预测在未来某一天冰淇凌可能卖出多少。

线性回归的工作方式是找到一条“最佳拟合线”（图3-4），这条线在所有数据点之间“穿过”，尽量使每个点到这条线的距离最小。这条线的数学表达式通常是：

$$y = mx + b$$

通过线性回归计算出斜率 m 和截距 b，我们就可以得到这个关系的数学表达式。当我们有新的温度数据时，就可以通过这个公式预测冰淇凌的销量。

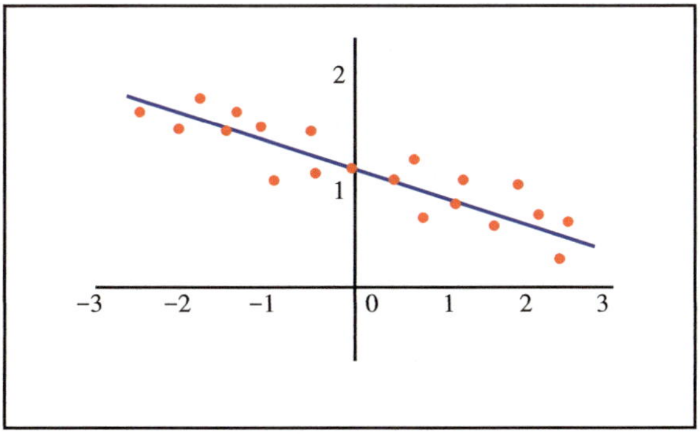

图3-4　线性回归示意图

线性回归之所以受欢迎，是因为它简单易用且易于解释。它帮助我们回答了“如果某个变量变化，结果会如何变化?”这样的问题。

不过,线性回归也有局限性,比如它假设变量之间的关系是线性的,也就是说,只能用一条直线来描述。如果实际数据的关系更复杂,可能就需要使用其他更高级的方法,比如非线性回归。

线性回归是一种基础且非常实用的工具,它在许多领域有着广泛应用,从经济学到工程学,再到社会科学,它都能为我们提供有用的预测和分析。

二、非线性回归

除了线性回归,还有非线性回归,适用于那些关系不是直线的数据。例如,人体的生长速度在某些年龄段可能快些,而在其他年龄段可能慢些。这时,线性回归可能不足以描述这种复杂的关系,非线性回归就派上用场了。

非线性回归是一种扩展线性回归的方法,用来分析自变量和因变量之间的复杂关系。当自变量和因变量之间的关系不能用一条直线来描述时,我们就需要使用非线性回归。它帮助我们处理那些更复杂、不能简单地用直线来拟合的数据。

举个例子,假设你正在研究某种药物的剂量(自变量)与患者反应(因变量)之间的关系。通常,在用药之初,剂量较小时,随着剂量增加药物效果提升得很快,但在达到一定剂量后,效果的提升会逐渐减缓,甚至可能出现饱和状态。在这种情况下,用直线来拟合数据并不能准确描述这种关系,这时我们需要用到非线性回归。

非线性回归通过使用更复杂的数学表达式来描述这种关系。常见的非线性函数包括指数函数、对数函数、多项式函数和幂函数等。例如,如果你使用一个二次多项式来拟合数据,非线性回归的拟合线可能看起来如图3-5所示。

与线性回归不同，非线性回归的计算过程更加复杂，因为我们需要找到一组参数，使得这个非线性方程尽可能准确地拟合数据。这通常需要迭代算法，如最小二乘法，通过不断调整参数，使模型的预测结果与实际数据之间的差距最小。

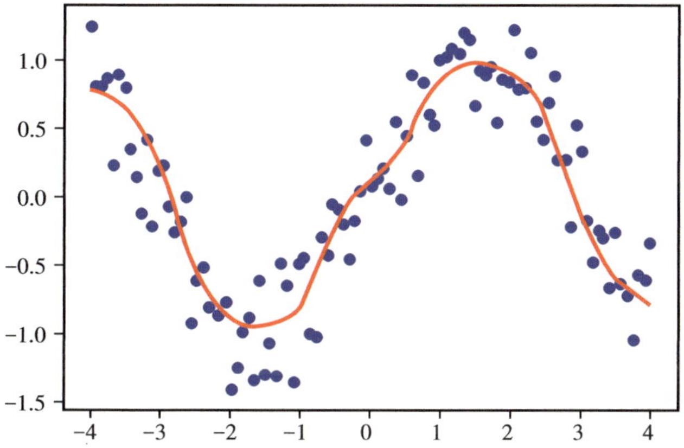

图3-5 非线性回归拟合线示意图

非线性回归的优点在于它能够处理各种复杂的关系，适用于那些显然不能用直线拟合的数据。它在很多领域都有应用，比如生物学中研究生长曲线、经济学中分析收益递减、物理学中研究放射性衰变等。

然而，非线性回归也有一些不足。首先，它对初始参数值非常敏感，选择不当可能导致算法收敛形成错误的结果。其次，由于模型的复杂性，非线性回归通常难以解释，特别是当使用复杂的非线性函数时，结果可能不易理解。

非线性回归是一个强大的工具，适用于那些复杂的现实问题，帮助我们从数据中提取有价值的信息。尽管应用要求较高，但对于处理非线性关系的数据问题，它无疑是必不可少的分析手段。

三、回归分析的优缺点

回归分析是一种用于研究变量之间关系的统计方法，它可以帮助我们预测一个变量的值，或者解释一个变量对另一个变量的影响。以下是回归分析的优缺点。

（一）优点

1.预测能力

回归分析可以根据已知的自变量和因变量之间的关系，对未知的因变量进行预测。例如，在销售预测中，可以分析历史销售数据和相关因素（如广告投入、季节因素等），建立回归模型来预测未来的销售情况。

2.解释变量关系

回归分析能够量化自变量对因变量的影响程度，从而帮助我们理解变量之间的关系。例如，在经济学中，可以通过回归分析研究消费支出与收入、物价水平等因素之间的关系，为政策制定提供依据。

3.灵活性

回归分析可以处理多种类型的变量，包括连续变量、分类变量和虚拟变量等。同时，它可以适应不同的数据分布和模型形式，如线性回归、非线性回归等。

4.统计推断

回归分析提供了一系列的统计检验方法，如t检验、F检验等，可以用于检验模型的显著性、参数的估计值是否可靠等。这些统计推断方法有助于我们评估模型的质量和可靠性。

5. 数据可视化

回归分析的结果可以通过图表等方式进行可视化展示，使我们更直观地理解变量之间的关系。例如，可以绘制回归直线图、残差图等，帮助我们判断模型的拟合效果和是否存在异常值。

（二）缺点

1. 假设限制

回归分析通常基于一些假设，如线性关系、独立性、同方差性等。如果这些假设不满足，可能会导致模型的估计结果不准确。例如，如果数据存在非线性关系，而我们使用线性回归模型进行分析，就可能得到错误的结论。

2. 数据质量要求高

回归分析对数据的质量要求较高，需要数据具有代表性、准确性和完整性。如果数据存在缺失值、异常值或测量误差等问题，可能会影响模型的估计结果。例如，异常值可能会对回归系数的估计产生较大的影响，使模型的预测能力下降。

3. 多重共线性问题

当自变量之间存在高度相关性时，会出现多重共线性问题。这会导致回归系数的估值不稳定，难以解释自变量对因变量的独立影响。例如，在研究房地产价格时，如果同时考虑房屋面积、房间数量和总建筑面积等自变量，可能会出现多重共线性问题。

4.过拟合问题

在回归分析中,如果模型过于复杂,可能会出现过拟合问题。过拟合是指模型在训练数据上表现良好,但在新数据上的预测能力较差。例如,在使用高次多项式回归模型时,可能会过度拟合训练数据中的噪声,导致模型的泛化能力下降。

5.解释局限性

回归分析虽然可以量化自变量对因变量的影响程度,但它并不能完全解释变量之间的因果关系。在实际应用中,需要结合其他方法和理论来进一步探讨变量之间的因果机制。

综上所述,回归分析技术是一种非常有用的统计方法,但在使用时需要注意其假设限制、数据质量要求、多重共线性问题、过拟合问题和解释局限性等。在实际应用中,应根据具体情况选择合适的回归模型,并结合其他方法和理论进行综合分析。

四、回归分析技术的应用

回归分析技术在多个领域有着广泛的应用。

(一)经济领域

1.股价预测

金融分析师可以利用回归分析技术,结合公司的财务指标(如营收、利润、市盈率等)、宏观经济数据(如利率、通货膨胀率、国内生产总值等)以及市场情绪指标等多个变量,建立回归模型来预测股票价格的走势。例如,金融分析师通过分析历史数据发现,公司的每股收益与股价存在正相关关系，利率与股价存在负相关关系。利用这些关系构建回归模型，可以为投资者提供决策参考。

2.消费需求预测

企业和经济学家可以使用回归分析技术来预测消费者的需求。通过分析消费者的收入、价格水平、人口统计特征等因素与消费支出之间的关系，建立回归模型来预测未来的消费需求。例如，一家汽车制造商可以通过回归分析技术发现，消费者的收入水平、家庭规模以及汽车价格是影响汽车销量的重要因素。根据这些因素建立回归模型，可以预测未来不同价格水平下的汽车销量，从而制订合理的生产和销售计划。

(二)工程领域

1.质量控制

在制造业中，回归分析可以用于质量控制。通过分析生产过程中的各种参数(如温度、压力、时间等)与产品质量指标(如强度、尺寸精度、表面粗糙度等)之间的关系，建立回归模型来预测产品质量，并及时调整生产参数以保证产品质量的稳定性。例如，在电子芯片制造过程中，回归分析可以确定芯片的性能与生产过程中的温度、湿度和曝光时间等因素之间的关系。根据这些关系，可以调整生产参数，提高芯片的良品率。

2.能源消耗预测

在能源领域，回归分析可以用于预测能源消耗。通过分析建筑物的面积、使用人数、设备类型等因素与能源消耗之间的关系，相关企业可以建立回归模型来预测建筑物的能源需求。例如，一家能源管理公司可以通过回归分析技术发现，建筑物的面积、使用人数以及空调设备的功率是影响建筑物能源消耗的重要因素。再根据这些因素建立回归模型，可以提供节能建议，降低能源消耗。

（三）医学领域

1.疾病风险评估

医学研究人员可以利用回归分析技术来评估个体患某种疾病的风险。通过分析个体的生活方式（如吸烟、饮酒、饮食、运动等）、遗传因素以及生理指标（如血压、血糖、胆固醇等）与疾病发生之间的关系，建立回归模型来预测个体患疾病的风险。例如，医学研究人员通过回归分析发现，高血压、高血糖、高血脂以及吸烟等因素与心脏病的发生存在显著的正相关关系。根据这些因素建立回归模型，可以评估个体患心脏病的风险，并为预防心脏病提供建议。

2.药物疗效预测

在药物研发和临床治疗中，回归分析可以用于预测药物的疗效。分析患者的生理特征、疾病严重程度、治疗方案等因素与药物疗效之间的关系，建立回归模型来预测药物的治疗效果。例如，在癌症治疗中，回归分析可以确定患者的年龄、性别、肿瘤类型、治疗方案等因素与患者生存率之间的关系。根据这些关系，可以为患者制定个性化的治疗方案，提高治疗效果。

（四）环境科学领域

1.气候变化预测

科学家可以使用回归分析来研究气候变化。分析大气中的温室气体浓度、太阳辐射、海洋温度等因素与全球气候变化之间的关系，建立回归模型来预测未来的气候变化趋势。例如，回归分析技术发现，大气中的二氧化碳浓度与全球气温升高存在显著的正相关关系。根据这个关系，可以预测未来不同二氧化碳排放情景下的全球气温变化，为制定应对气候变化的政策提供科学依据。

2.水质预测

在环境监测中，回归分析可以用于预测水质参数。分析河流、湖泊或海洋中的物理、化学和生物指标（如水温、pH值、溶解氧、营养盐浓度等）与水质之间的关系，建立回归模型来预测水质的变化。例如，回归分析可以确定水中的营养盐浓度、水流速度以及水温等因素与藻类生长之间的关系。根据这些关系，可以预测水体中藻类暴发的风险，及时采取措施保护水资源。

总的来说，回归分析是一种强大的工具，广泛应用于经济、市场营销、医疗等多个领域。无论是预测未来的趋势，还是理解复杂的关系，回归分析都能提供有用的参考。

3.3 聚类方法

聚类是一种无须预先定义类别，即可将相似数据点分组的过程。与分类不同，聚类算法自动定义类别，并将相似的数据点归为一类。它常用于探索数据中的自然分组或在未知数据中寻找模式。

一、K均值聚类

K均值聚类是一种广泛应用的无监督学习算法，用于将数据点划分到k个不同的聚类中。

K均值聚类非常直观(图3-6)，适合处理那些需要发现数据中自然分组的任务，比如市场细分、图像压缩等。

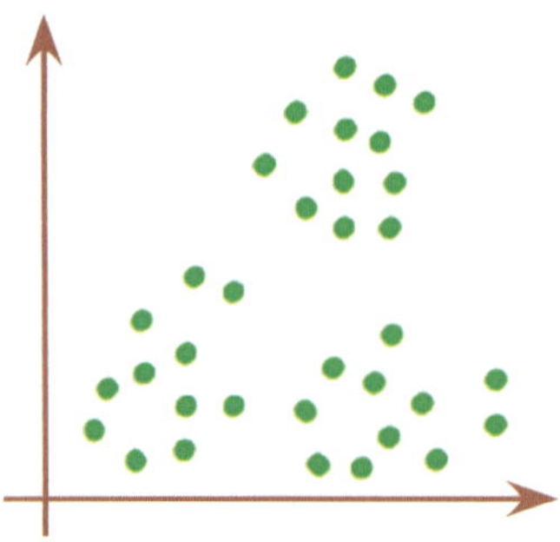

(a)原始数据

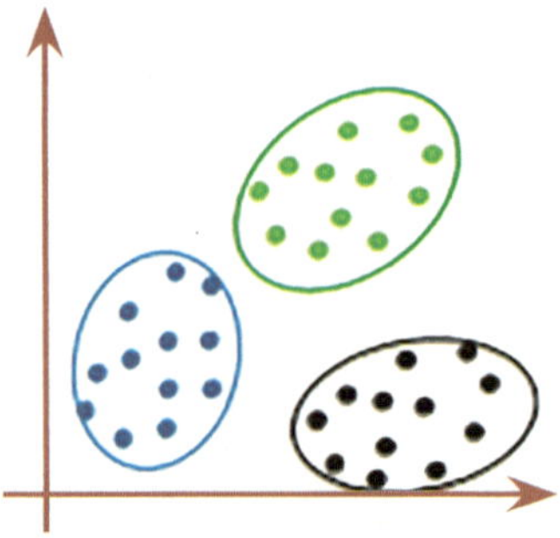

(b)分类结果

图3-6　K均值聚类算法效果示意图

(一)基本原理

1. 首先,随机选择k个数据点作为初始聚类中心。

2. 然后,对于每个数据点,计算它到每个聚类中心的距离,并将其分配到距离最近的聚类中。

3. 接着,重新计算每个聚类的中心,即该聚类中所有数据点的均值。

4. 重复步骤2和3,直到聚类中心不再发生变化或达到预设的迭代次数为止。

(二)示例

假设我们有一组二维数据点,如下所示:

数据点	坐标(x,y)
A	(2,3)
B	(3,4)
C	(4,5)
D	(5,6)
E	(6,7)
F	(7,8)
G	(8,9)
H	(9,10)
I	(10,11)
J	(11,12)

如果我们选择k=3,随机选择三个数据点作为初始聚类中心,比如A(2,3)、E(6,7)和I(10,11)。

1.第一次迭代

(1)计算每个数据点到三个聚类中心的距离,例如数据点B(3,4)到A(2,3)的距离可以使用欧氏距离公式计算。

(2)根据距离最近的原则,将数据点分配到相应的聚类中。假设经过计算,B(3,4)被分配到以A(2,3)为中心的聚类中。

(3)重新计算每个聚类的中心。

2.第二次迭代

(1)再次计算每个数据点到新的聚类中心的距离,并重新分配数据点。

(2)再次更新聚类中心。

重复这个过程,直到聚类中心不再发生变化或达到预设的迭代次数。

(三)应用

1.客户细分

在市场营销中,可以根据客户的购买行为、年龄、收入等特征,使用K均值聚类将客户分为不同的群体,以便企业制定针对性的营销策略。

2.图像分割

在图像处理中,可以将图像中的像素点根据颜色、亮度等特征进行聚类,从而实现图像分割。

3.生物信息学

在基因表达数据分析中,可以使用K均值聚类将具有相似表达模式的基因分为一类,帮助研究人员发现潜在的生物学功能模块。

(四)优点

1.简单高效

(1)算法相对简单直观,容易理解和实现。对于大规模数据集,计算效率较高,能够快速处理大量数据并得到聚类结果。

(2)通常能够在较短的时间内收敛到一个局部最优解,特别是在数据分布较为明显、聚类结构比较清晰的情况下。

2.适用性广泛

(1)可以处理各种类型的数据,包括数值型数据和分类型数据,只要能够定义合适的距离度量方式。

(2)能较好地处理不同维度的数据,在实际应用中,无论是低维数据还是高维数据,都可以尝试使用K均值聚类进行分析。

3.可扩展性强

(1)容易与其他技术结合使用,例如可以与主成分分析等降维方法结合,先对高维数据进行降维处理,再进行聚类,提高算法的效率和效果。

(2)对于不断增加的数据,可以逐步更新聚类结果,而不需要重新对整个数据集进行聚类,具有较好的可扩展性。

(五)缺点

1.对初始值敏感

(1)聚类结果严重依赖于对初始的聚类中心的选择。不同的初始聚类中心可能导致完全不同的聚类结果，尤其是在数据分布不均匀或存在噪声的情况下，很容易"陷入"局部最优解。

（2）通常需要多次运行算法，选取不同的初始值，以获得相对较好的结果，这增加了算法的运行时间和不确定性。

2.需要预先确定k值

（1）在实际应用中，很难确定合适的聚类数目k。如果k值选择不当，可能会导致聚类结果不理想，无法准确反映数据的真实结构。

（2）需要通过尝试不同的k值，并结合一些评估指标（如轮廓系数等）来确定最优的k值，这增加了算法的复杂性和主观性。

3.对异常值敏感

（1）算法对异常值比较敏感，因为它是基于距离度量进行聚类的。异常值可能会对聚类中心的计算产生较大影响，从而影响整个聚类结果的准确性。

（2）在存在大量异常值的情况下，可能需要先对数据进行预处理，去除异常值，或者使用对异常值不敏感的聚类算法。

总的来说，K均值聚类是一种功能强大且易于理解的工具，适用于各种需要发现数据自然分组的任务。尽管它有一些局限性，但通过合理选择k值和进行适当的预处理，K均值聚类在实际应用中能够取得良好的效果。

二、层次聚类

层次聚类是一种聚类分析方法，主要通过计算不同类别数据点间的相似性，逐步合并或分裂类别，从而构建出一个层次结构，如图3-7所示。与其他方法不同，层次聚类不需要事先决定要分成多少组(簇)，而是通过不断合并或分裂数据点，构建一个类似树状的结构，称为“树状图”或“聚类树”。这种方法非常适合处理数据点之间有自然层次关系的问题，也能帮助我们更好地理解数据的内部结构。

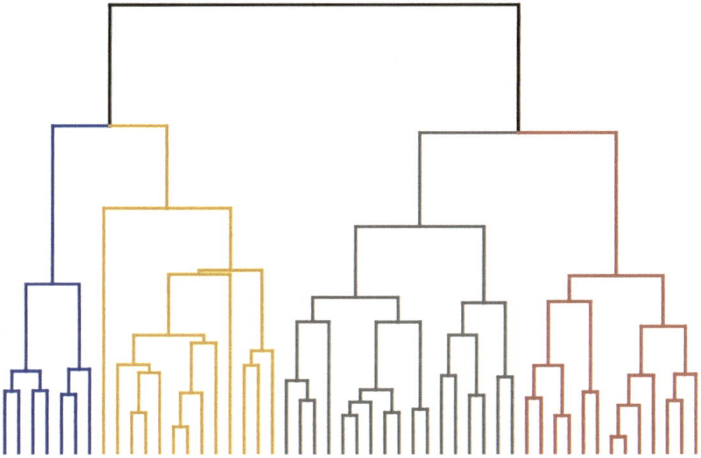

图3-7　层次聚类示意图

(一)层次聚类的基本原理

层次聚类主要有两种方式，即凝聚层次聚类(自底向上)和分裂层次聚类(自顶向下)。

1.凝聚层次聚类

(1)开始时将每个数据点视为一个单独的聚类。

(2)然后计算每两个聚类之间的距离(或相似度)，选择距离最近(相似度最高)的两个聚类进行合并。

(3)重复这个过程,不断合并聚类,直到达到预设的终止条件,比如达到特定的聚类数目或者整个数据集合并为一个大的聚类。

2.分裂层次聚类

(1)开始时将所有数据点看作一个大的聚类。

(2)然后根据某种准则将这个大聚类逐步分裂为较小的聚类,直到每个聚类只包含一个数据点或者满足其他终止条件。

在计算聚类之间的距离(或相似度)时,可以使用多种方法,常见的有:

(1)最短距离法:两个聚类中最近的两个数据点之间的距离。

(2)最长距离法:两个聚类中最远的两个数据点之间的距离。

(3)平均距离法:两个聚类中所有数据点对之间的平均距离。

(二)示例

假设有以下五个数据点:$A(1,1)$、$B(2,2)$、$C(3,3)$、$D(4,4)$、$E(5,5)$。

1.凝聚层次聚类

(1)首先每个数据点都是一个单独的聚类,即$\{A\}$、$\{B\}$、$\{C\}$、$\{D\}$、$\{E\}$。

(2)计算两两之间的距离,比如使用欧氏距离,此时距离最近的两个聚类是$\{A\}$和$\{B\}$。

(3)合并$\{A\}$和$\{B\}$为一个新的聚类$\{A,B\}$,现在的聚类情况为$\{A,B\}$、$\{C\}$、$\{D\}$、$\{E\}$。

(4)继续计算新的聚类之间的距离,发现下一个距离最近的是$\{C\}$和$\{D\}$,合并为$\{C,D\}$,此时聚类情况为$\{A,B\}$、$\{C,D\}$、$\{E\}$。

(5)再继续计算,合并$\{A,B\}$和$\{C,D\}$为$\{A,B,C,D\}$,最后再与$\{E\}$合并,得到最终的一个大聚类$\{A,B,C,D,E\}$。

2. 分裂层次聚类

(1)开始时所有数据点在一个大聚类$\{A,B,C,D,E\}$中。

(2)可以选择一个分裂准则,比如将数据点到聚类中心最远的那个数据点分离出来作为一个新的聚类。假设第一次分裂将E分离出来,得到两个聚类$\{A,B,C,D\}$和$\{E\}$。

(3)对$\{A,B,C,D\}$继续分裂,比如将D分离出来,得到$\{A,B,C\}$和$\{\mathrm{D}\}$。

(4)以此类推,逐步分裂直到每个聚类只包含一个数据点。

(三)层次聚类的优缺点

1. 优点

层次聚类的一个显著优点是它不需要提前指定簇的数量,这对事先不了解数据结构的情况非常有用。此外,层次聚类生成的树状图非常直观,能够帮助我们清晰地观察数据点之间的层次关系。这种可视化效果使得层次聚类特别适合那些需要深入分析数据内部结构的任务。层次聚类还可以处理各种类型的数据,无论是数值型还是分类型数据,甚至适用于非球形的簇,这一点与K均值聚类不同。

2. 缺点

然而,层次聚类也面临一些挑战。首先,由于它需要计算所有数据点之间的距离并逐步合并或分裂,层次聚类在处理大规模数据集时可能会非常耗时,计算复杂度较高。其次,层次聚类对数据中的噪声和异常值较为敏感,因为这些异常数据点可能会显著影响树状图的结构,从而影响聚类结果。此外,一旦生成了树状图,层次聚类的结果就固定了,难以像K均值聚类那样轻松调整簇的数量或结构。

(四)应用

尽管有这些挑战,层次聚类在许多领域都有广泛的应用,特别是在那些需要理解数据点之间层次关系的场景中,具体如下。

1.生物学领域

(1)基因表达数据分析

研究人员可以利用层次聚类分析不同条件下基因的表达模式。例如,在癌症研究中,对不同癌症样本的基因表达数据进行层次聚类,能够发现具有相似表达模式的基因群组,这些基因可能在癌症的发生、发展过程中具有相似的功能或受到相同的调控机制影响,有助于识别与癌症相关的关键基因和发现潜在的治疗靶点。

(2)物种分类

对不同生物物种的基因序列、形态特征等多方面数据进行层次聚类,可以构建生物的系统发育树,推断物种之间的进化关系和分类。比如,对各种动物的基因序列进行聚类分析,能够帮助生物学家更好地理解动物的进化历程和建立动物分类体系。

(3)蛋白质结构与功能研究

根据蛋白质的物理化学性质、氨基酸序列等特征进行层次聚类,可以将具有相似结构或功能的蛋白质归为一类。这有助于预测新发现的蛋白质功能,以及理解蛋白质结构与功能之间的关系。

2.医学领域

(1)疾病症状聚类

在医学研究中,层次聚类可用于对患者的症状进行聚类分析,以发现不同的症状群。例如,对于心脏病患者的各种症状,如胸痛、呼吸困难、心悸等,进行层次聚类可以将具有相似症状表现的患者归为一类,从而为疾病的诊断、治疗和护理提供依据。

(2)医学影像分析

在医学影像处理中,层次聚类可用于对图像中的像素或区域进行聚类,以分割出不同的组织或病变区域。例如,在脑部磁共振形成的图像中,对不同像素的灰度值等特征进行层次聚类,可以将脑组织、脑脊液、病变组织等不同的区域区分开来,帮助医生进行疾病的诊断和治疗规划。

3.金融领域

(1)股票市场分析

对股票的历史价格数据、成交量等信息进行层次聚类,可以将具有相似走势的股票归为一类。这有助于投资者发现不同股票之间的相关性和潜在的投资机会,以及对股票市场的整体结构和板块轮动有更深入的理解。例如,通过层次聚类可以发现某些行业的股票在特定时期内具有相似的价格波动趋势,投资者可以根据这些信息进行股票配置和投资组合的调整。

(2)客户分类

金融机构可以根据客户的交易行为、资产状况、风险偏好等特征,利用层次聚类对客户进行分类。这有助于金融机构更好地了解客户需求,提供个性化的金融产品和服务,以及进行风险管理和客户关系管理。

4.市场营销领域

(1)客户细分

企业可以根据客户的购买行为、消费偏好、地理位置等信息,使用层次聚类将客户分成不同的群体。例如,将电商平台的用户根据购买历史、浏览记录等数据进行聚类,可分为高价值客户、潜在客户、流失客户等不同类别,企业可以针对不同客户群体制定相应的营销策略,提高营销效果和客户满意度。

(2)市场区域划分

对于具有多个销售区域的企业,可以根据不同地区的市场规模、消费能力、竞争状况等因素,利用层次聚类将市场划分为不同的区域。这有助于企业合理分配资源,制定针对性的市场拓展策略,提高市场占有率。

5.图像识别领域

(1)图像分割

层次聚类可用于图像分割,将图像中的像素按照颜色、纹理、亮度等特征进行聚类,从而将图像分割成不同的区域或对象。例如,在卫星图像中,对不同区域的地物特征进行层次聚类,可以将森林、河流、城市等不同的地物类型区分开来,为地理信息系统的应用提供基础数据。

(2)目标识别

在目标识别任务中,首先对图像中的目标进行特征提取,然后利用层次聚类对提取的特征进行聚类分析，以识别不同的目标。例如，在交通监控视频中，对车辆的形状、颜色、运动轨迹等特征进行层次聚类，可以识别出不同类型的车辆，如小汽车、卡车、公交车等，为交通管理和智能交通系统提供支持。

6.社会科学领域

（1）人口统计学研究

根据人口的年龄、性别、收入、教育程度等特征，使用层次聚类可以将人群分成不同的群体。这有助于政府和社会机构了解人口的分布和结构，制定相应的政策和社会服务措施。例如，对一个城市的居民进行层次聚类，可以发现不同社区的人口特征和需求差异，为城市规划和社区建设提供依据。

（2）文本分类

对于大量的文本数据，如新闻文章、社交媒体帖子、学术论文等，可以先将文本进行向量化表示，然后利用层次聚类对文本进行分类。这有助于快速了解文本的主题和内容，进行信息检索、文本挖掘和舆情分析等工作。例如，对新闻文章进行层次聚类，可以将相似主题的新闻归为一类，方便读者浏览和媒体机构进行新闻报道的策划。

三、DBSCAN密度聚类算法

DBSCAN是一种基于密度的聚类算法，适合处理任意形状的簇，并且能够有效地识别噪声点（即离群点），与其他聚类算法不同，DBSCAN不需要事先指定聚类的数量，这使得它在处理复杂数据集时非常有用。

DBSCAN的优势在于它能够自动发现数据中的簇数，并且能够处理形状不规则的簇，这一点在实际应用中非常有用。它还能有效识别和处理噪声数据，这在数据质量不高的情况下尤其重要。然而，DBSCAN也有一些限制，比如它对参数的选择非常敏感，不同的参数可能会导致完全不同的聚类结果。此外，对于不同密度的簇，DBSCAN的效果可能不如其他一些算法那么理想，因为它假定簇中的所有点都具有相似的密度。

尽管如此，DBSCAN在许多领域都有广泛的应用，比如地理数据分析、图像处理、市场细分和异常检测等。它在处理复杂的、高维度的、具有噪声的数据集时，往往能提供很好的结果，因此被认为是一个非常强大的聚类工具。

DBSCAN是一种基于密度的空间聚类算法，它能够在带有噪声的空间数据中发现任意形状的聚类(图3-8)。

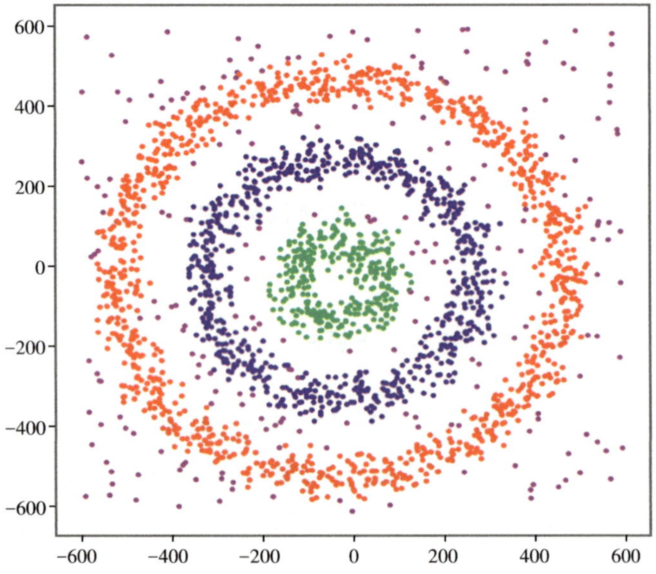

图3-8 DBSCAN聚类示意图

(一)基本概念

(1)核心点:在给定半径范围内,包含的样本点数超过最小样本数的点称为核心点。

(2)边界点:在核心点的给定半径邻域内,但自身不是核心点的点称为边界点。

(3)噪声点:既不是核心点也不是边界点的点称为噪声点。

(二)基本原理

(1)从数据集中随机选择一个未被访问过的点。

(2)如果该点是核心点,则找到其所有密度可达的点,形成一个聚类。

(3)如果该点不是核心点,则将其标记为噪声点。

(4)重复步骤1至3,直到所有点都被访问过。

(三)主要参数

(1)Eps(邻域半径):决定了核心点的邻域范围,过大或过小的Eps值可能导致聚类结果不准确。

(2)MinPts(最小样本数):用于确定一个点是否为核心点,它影响着聚类的紧致性和对噪声的容忍度。

(四)优点

(1)可以发现任意形状的聚类,对数据的分布形状没有特定要求。

(2)能够有效处理噪声点,不需要预先知道聚类的数量。

(3)对于处理高维数据也有较好的表现。

(五)缺点

(1)对参数 Eps 和 MinPts 比较敏感,选择合适的参数比较困难。

(2)算法的复杂度较高,尤其是在处理大规模数据集时。

(六)应用

(1)图像分割:可以将图像中的像素点根据颜色、纹理等特征进行聚类,实现图像分割。

(2)地理信息系统:用于分析地理空间数据中的聚类模式,如城市中的不同功能区域划分。

(3)客户细分:根据客户的行为、属性等数据进行聚类,帮助企业更好地了解客户群体,制定个性化的营销策略。

总之,DBSCAN 密度聚类算法是一种强大的数据分析工具,在处理复杂数据和发现任意形状聚类方面具有独特的优势,但在参数选择和计算效率方面也存在一些挑战。

第四章 高级数据挖掘技术

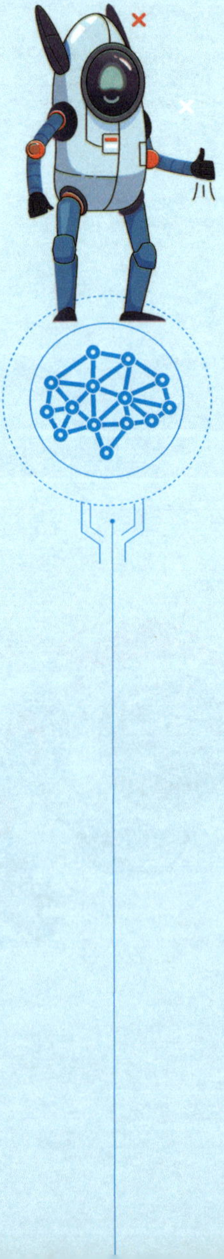

随着人工智能的快速发展,高级数据挖掘技术在各个领域得到了广泛应用,并逐渐改变了人们的生活方式。在商业领域,关联规则学习帮助企业发现隐藏在数据中的模式,从而优化产品布局和营销策略;在社交媒体和网络平台中,网络分析与挖掘技术揭示了复杂的关系网络,使得社区发现和信息传播路径分析成为可能;文本挖掘与情感分析则通过解析大量的用户评论和社交内容,为企业和决策者提供了用户满意度和市场趋势的分析;而推荐系统的应用更是大大提高了用户体验,实现精准推送个性化内容和产品。然而,由于数据来源的多样性和应用场景的复杂性,这些技术在实际应用中面临着诸多挑战。例如,关联规则在处理大规模数据集时的计算复杂度,网络分析中的社交网络数据的噪声问题,文本挖掘中非结构化数据的处理难度,以及推荐系统在面对稀疏数据时的预测精度问题。这就要求研究人员和工程师在不同的场景下,灵活应用和改进这些高级数据挖掘技术,以达到最优的效果。

4.1 关联规则学习

随着人工智能和大数据技术的迅猛发展,关联规则学习(图4-1)作为一种重要的数据挖掘技术,在多个领域得到了广泛应用。关联

图4-1 关联规则学习示意图

规则学习能够从大量数据中挖掘出隐藏的有价值的模式和关系，为商业决策、市场分析和推荐系统等提供了强有力的支持。其中，频繁模式挖掘作为关联规则学习的核心研究方向，已经引起了业界的广泛关注。所谓频繁模式，是指在数据集中多次出现的项集或事件组合，它们在特定的支持度和置信度下形成了稳定的关联关系。对频繁模式的挖掘，能够发现数据中各个项之间的关联性，从而帮助企业优化产品组合、提升营销效果或改进推荐的算法。这些频繁模式不仅能够揭示表面数据的关系，还能够深度挖掘潜在的商业机会。频繁模式挖掘相较于简单的模式识别，更具实用性，同时也更具挑战性。频繁模式挖掘面对的是庞大的数据集，数据中的噪声、稀疏性以及高维度等问题都会影响其准确性和效率。因此，需要采用高效的算法和技术，如Apriori算法、FP-Growth算法等，来有效地处理这些问题，确保频繁模式挖掘的准确性和实用性。

一、发展历程

关联规则学习的发展历程主要包括以下几个阶段。

（一）起源阶段

（1）20世纪60年代末到70年代初，一些学者开始研究数据库中数据之间的关联关系，但此时的研究还处于较为初级的阶段，缺乏系统的理论和方法。

（2）这一时期的研究主要集中在如何定义和度量数据之间的关联程度，以及如何从大量的数据中发现一些简单的关联规则。

（二）初步发展阶段

（1）20世纪80年代至90年代初，随着数据库技术的迅速发展，数据量急剧增长，人们对数据挖掘的需求也日益增加，这为关联规则学习的发展提供了契机。

（2）1993年，Rakesh Agrawal等人首次提出了Apriori算法，这是关联规则学习发展的一个重要里程碑。Apriori算法基于先验知识来压缩搜索空间，通过迭代寻找频繁项集，然后根据频繁项集生成关联规则。该算法为关联规则挖掘提供了一个系统的、有效的方法，使得在大规模数据集中发现关联规则成为可能。

（三）快速发展阶段

（1）在Apriori算法提出之后，关联规则学习引起了学术界和工业界的广泛关注，大量的研究工作围绕着关联规则学习展开。

（2）这一时期，研究人员提出了许多改进的算法和技术，以提高关联规则学习的效率和准确性。例如，FP-Growth算法就是在这一背景下提出的。FP-Growth算法通过构建频繁模式树来存储数据，避免了Apriori算法中多次扫描数据库的问题，大大提高了算法的效率。

（3）同时，关联规则学习的应用领域也不断扩大，除了最初的购物篮分析领域，还广泛应用于市场营销、网络安全、生物信息学、医疗保健等领域。

（四）成熟与拓展阶段

（1）进入21世纪，关联规则学习已经成为数据挖掘领域的一个重要分支，相关的理论和技术已经趋于成熟。

（2）研究人员开始关注关联规则学习的一些高级问题，例如：如何处理动态数据，如何挖掘具有时间序列特征的关联规则，如何结合其他数据挖掘技术进行综合分析等。

（3）随着大数据技术的兴起，关联规则学习也面临着新的挑战和机遇。研究人员开始探索如何在分布式计算环境下高效地进行关联规则挖掘，以及如何处理大规模的、高维度的数据。

二、面临的挑战

在关联规则学习的应用中，尽管技术已经取得了显著的进步，但在现实中仍然面临着诸多挑战，以下列举一些目前关联规则学习需要解决的核心问题。

第一是数据稀疏性。许多数据集中的项集组合频繁出现的情况较少，导致频繁项集的支持度很低，难以找到有意义的关联规则。特别是在高维度的数据中，项集的稀疏性问题更加突出，影响了关联规则学习的效果。

第二是数据噪声问题。在实际应用中，数据往往伴随着噪声和异常值,这些噪声数据可能导致错误的关联规则被挖掘出来。为了提高关联规则的准确性,需要开发更加鲁棒的算法,能够有效识别和处理噪声数据。

第三是计算复杂度。随着数据规模的不断扩大,传统的关联规则挖掘算法(如 Apriori 和 FP-Growth)在处理大规模数据集时,计算复杂度急剧增加,导致算法的执行时间显著延长,难以满足实时应用的需求。因此,如何优化算法以提高处理大数据集的效率,是一个亟待解决的问题。

第四是规则的解释性与可用性。关联规则学习往往产生大量的规则,但并非所有规则都是有意义或可用的。如何筛选出具有高置信度和支持度的规则,并确保这些规则对实际决策有用,是关联规则学习的一个重要挑战。

第五是动态数据环境中的规则更新问题。在实际应用中,数据往往是动态变化的,传统的静态关联规则学习方法难以适应这种变化。如何在动态数据环境中有效更新关联规则,并确保新规则的有效性,是当前研究的热点问题之一。

三、应用

(一)关联规则学习在购物篮分析中的应用

购物篮分析是关联规则学习的经典应用场景之一。在零售行业中,商家通过对顾客购物篮中的商品进行分析,挖掘出商品之间的关联规则。例如,分析显示顾客在购买面包时往往也会购买黄油。这些信息可以帮助商家进行商品的优化布局、促销组合的设计,甚至是库存管理的改进。通过这种分析,零售商可以提高销售额，同时提升顾客的购物体验。

（二）关联规则学习在推荐系统中的应用

推荐系统是关联规则学习的另一大重要应用领域。电商平台和流媒体服务通过分析用户的浏览和购买行为，挖掘出用户感兴趣的商品或内容之间的关联规则，从而为用户进行个性化推荐。例如，在视频流媒体平台中，分析用户观看影片的数据，可以推荐用户可能喜欢的其他影片。这种基于关联规则学习的推荐系统，不仅能够提高用户的满意度，还能增加平台的用户黏性和转化率。

如图4-2所示，在电商平台上，推荐系统通常会基于用户的实时行为数据进行个性化推荐。通过动态关联规则学习技术，系统能够从用户的浏览、点击、购买等多维度行为数据中提取出实时的关联规则，从而实现精准推荐。这种基于动态数据的关联规则学习，为推荐系统提供了更为智能和高效的算法支持，也在实际应用中展现了巨大的潜力。

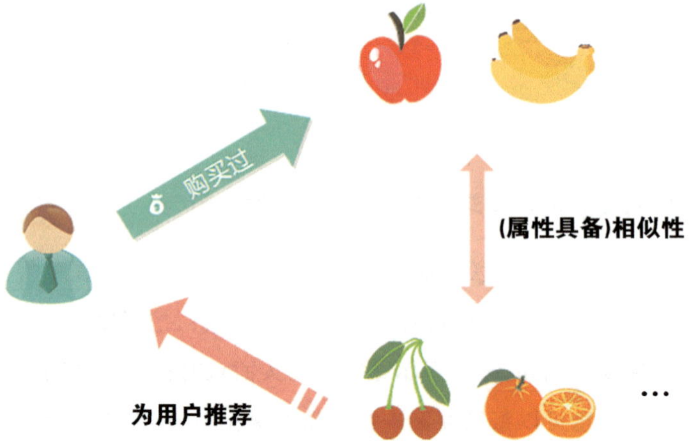

图4-2　推荐算法示意图

（三）关联规则学习在医疗诊断中的应用

在医疗领域，关联规则学习被广泛应用于疾病诊断和治疗方案的优化。通过分析患者的电子健康记录和医疗数据，医生可以发现症状、疾病与治疗方案之间的潜在关联。例如，某些药物组合可能在治疗特定疾病时效果更好，或者某些症状组合可能预示着一种潜在的疾病。这些关联规则能够帮助医生做出更加精准的诊断和治疗决策，从而提高医疗服务的质量。

（四）关联规则学习在金融风险管理中的应用

在金融行业，关联规则学习被用于风险管理和欺诈检测。金融机构通过分析大量的交易数据，挖掘出异常交易行为之间的关联，从而提前识别潜在的风险和欺诈行为。例如，频繁发生在短时间内的跨境交易可能预示着洗钱活动。通过对这些关联规则的挖掘，金融机构能够加强对高风险交易的监控，降低金融犯罪的发生率。

四、前景与展望

关联规则学习的应用场景十分广泛，过去对关联规则学习的研究，主要集中在传统的购物篮分析和静态数据集分析上。然而，随着数据类型和应用场景的复杂化，静态数据集的分析往往不能满足实际需求。因此，相较于静态关联规则学习，动态关联规则学习更具实用性，同时也面临更多挑战。在当前的部分动态关联规则学习系统中，大多数情况是将数据获取与规则挖掘功能分开处理。然而，未来的发展方向则是将这两个功能有机结合，形成一个完整的实时系统。这种系统不仅能够处理动态数据流，还能够及时更新和挖掘新的关联规则,以应对不断变化的数据环境。此外,如何解决在数据流中的噪声、稀疏性及其他外界因素影响下,导致关联规则挖掘效率低的问题,也是重要的研究方向。未来,开发更加鲁棒和高效的算法,提高动态关联规则学习的准确性和效率,将成为研究的重点。这些研究将推动关联规则学习技术的发展。

4.2 网络分析与挖掘

网络分析与挖掘是指对复杂网络数据进行自动化处理和分析的技术，目的是揭示网络中隐藏的模式、关系和趋势，如对网络中的异常行为进行检测（图4-3）。网络分析主要涉及图论和网络结构的研究，通过分析网络中的节点和边，帮助理解网络的拓扑特征和连接模式。网络挖掘则进一步利用数据挖掘技术发现网络数据中的潜在规律和重要信息，如社区发现、中心节点识别和异常检测等。网络分析与挖掘在社交网络分析、通信网络优化、生物信息学等领域有广泛的应用。

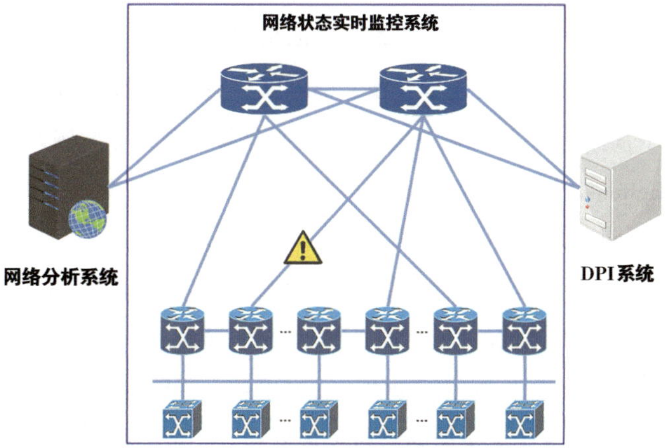

图4-3　网络异常行为检测示意图

一、发展历程

网络分析与挖掘的发展历程主要经历了以下几个阶段。

(一)萌芽阶段(20世纪60年代—80年代)

(1)奠定理论基础:这一时期,计算机网络开始兴起,为网络分析与挖掘提供了应用条件。一些学者开始关注网络结构和信息传播等问题,为后续的研究奠定了理论基础。例如,社会网络分析的一些早期理论和方法在这一时期开始出现,研究人员开始探索如何用图论等方法来描述和分析人际关系网络等社会结构。

(2)数据收集与存储的起步:数据库技术逐渐发展,使得数据的收集和存储成为可能。虽然当时的数据量相对较小,但为后续的数据挖掘工作积累了原始数据资源。企业和科研机构开始建立自己的数据库,用于存储业务数据和科研数据。

(二)初步发展阶段(20世纪90年代—21世纪初)

(1)搜索引擎的推动:搜索引擎的出现和发展极大地推动了网络分析与挖掘技术的进步。搜索引擎需要对海量的网页进行索引和排序,这涉及对网页内容的分析、链接结构的分析等。例如,谷歌的PageRank算法就是基于网页之间的链接关系来评估网页的重要性,这是网络分析的一个重要应用。

(2)数据挖掘技术的兴起:数据挖掘作为一个独立的研究领域开始兴起,一些基本的数据挖掘算法,如关联规则挖掘、分类、聚类等算法被提出和应用。这些算法为网络分析与挖掘提供了重要的技术支持,使得从大量的网络数据中发现有价值的信息成为可能。例如,关联规则挖掘可以用于发现用户的购买行为模式,聚类算法可以用于对用户进行分类等。

（三）快速发展阶段（21世纪初）

（1）社交媒体的爆发：社交媒体平台的快速发展，如Facebook、Twitter、微博等，产生了大量的用户生成数据，包括文本、图片、视频等。这为网络分析与挖掘提供了丰富的数据来源，也推动了相关技术的快速发展。研究人员开始关注社交媒体中的用户行为分析、社交网络结构分析、话题挖掘等问题。

（2）分布式计算的应用：随着数据量的不断增长，传统的计算模式已经无法满足网络分析与挖掘的需求。分布式计算技术的出现，为大规模数据的处理提供了强大的计算能力和存储能力。例如，Hadoop等分布式计算框架的出现，使得可以在大规模集群上对海量数据进行并行处理，大大提高了网络分析与挖掘的效率。

（3）深度学习的崛起：深度学习技术在这一时期取得了重大突破，特别是在图像识别、语音识别等领域取得了显著的成果。深度学习技术也逐渐应用到网络分析与挖掘中，例如，文本分析、图像分析、网络流量分析等。深度学习模型可以自动学习数据中的特征，提高了分析的准确性和效率。

（四）成熟与应用拓展阶段（2010年至今）

（1）大数据时代的到来：随着互联网、物联网等技术的快速发展，数据量呈现爆炸式增长，大数据时代正式到来。网络分析与挖掘技术在大数据环境下不断发展和完善，能够处理更复杂、更多样化的数据。同时，对数据的实时性要求也越来越高，实时网络分析与挖掘技术成为研究的热点。

(2)跨领域融合:网络分析与挖掘技术与其他领域的融合不断加深,如与人工智能、区块链、物联网等技术的融合。例如,在区块链领域,网络分析可以用于分析区块链网络的结构和交易行为;在物联网领域,网络分析可以用于分析物联网设备之间的通信关系和数据传输模式。

(3)商业应用的广泛普及:网络分析与挖掘技术在商业领域的应用越来越广泛,包括精准营销、智能推荐、风险预测、供应链管理等。企业通过对网络数据的分析和挖掘,能够更好地了解用户需求、优化业务流程、提高决策的科学性和准确性。

二、面临的挑战

网络分析与挖掘所面临的挑战主要有以下方面。

1. 网络数据的多样性和复杂性

网络数据通常具有高度的异质性和复杂的结构,包括各种类型的节点和边。不同来源、不同类型的数据可能存在很大的差异,使得传统的数据分析方法难以有效处理这些多样化的信息。

2. 大规模数据的处理和存储

现代网络往往涉及海量的数据,处理这些数据需要强大的计算能力和存储资源。如何高效地存储、处理和分析大规模网络数据,是网络分析与挖掘中的一大挑战。

3. 动态和变化的网络结构

许多网络是动态变化的,例如社交网络中的关系频繁变动、通信网络中的流量波动等。这要求分析方法能够适应网络结构的不断变化，并实时更新分析结果。

4.噪声和异常数据的处理

网络数据中常常包含噪声和异常数据，这些异常数据可能干扰分析结果。如何准确识别和处理这些异常数据，以提高分析的准确性和可靠性，是网络分析与挖掘中的一个重要问题。

三、应用

(一)社交网络分析——信息传播

在社交网络中，信息的传播路径和速度对于理解用户行为和优化信息传递至关重要。网络分析可以帮助识别信息传播中的关键节点和影响力人物，分析这些节点的连接模式和互动频率，能够有效预测信息的扩散范围和传播速度。(图4-4)

图4-4　社交网络中的信息传播示意图

(二)通信网络优化——流量管理

在通信网络中,流量管理和资源分配是提高网络效率的关键。网络挖掘技术可以监控和分析网络流量,识别流量瓶颈和异常现象,从而优化带宽分配和资源利用。例如,分析网络流量统计(图4-5),可以发现网络中的热点区域和潜在的过载点,从而进行针对性调整。

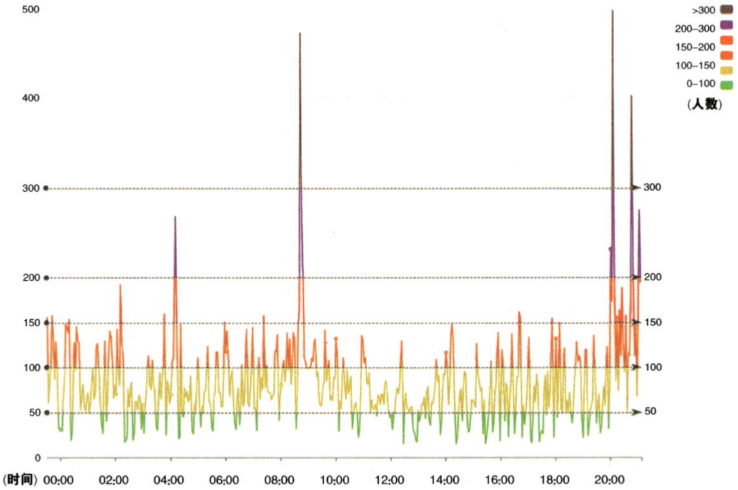

图4-5 网络流量统计示意图

(三)企业内部网络分析——组织结构优化

企业内部的通信网络和协作关系对于提高工作效率和管理效果非常重要。分析企业内部的社交网络图,可以识别组织中的关键沟通节点和信息流动路径,帮助企业优化组织结构和提升团队协作效率。例如,分析员工的互动频率和沟通模式,可以发现潜在的沟通障碍和组织内的关键影响者。

(四)金融诈骗检测——异常行为识别

在金融领域,网络分析可以用来检测和预防诈骗活动。监控和分析金融交易网络中的异常行为(图4-6),可以识别出潜在的欺诈行为和异常交易模式。利用网络挖掘技术对金融交易数据进行分析,可以帮助金融机构进行实时检测并阻止诈骗活动,从而保护客户资产安全。

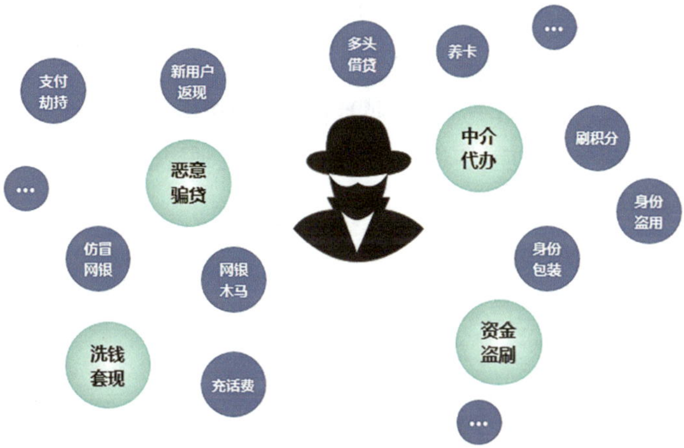

图4-6　金融诈骗检测示意图

四、前景与展望

网络分析与挖掘相对于传统数据分析方法具有显著的优势。随着数据量的激增和网络结构的复杂化,网络分析与挖掘技术将在多个领域展现出更大的潜力和应用价值。在社交网络分析方面,未来的网络挖掘技术可以利用更先进的图算法和机器学习模型,深入挖掘用户行为模式和社交关系,从而提供个性化的内容推荐和精准的广告投放,这也将极大地提升用户体验和商业价值。通信网络优化将进一步受益于网络分析技术的进步,通过实时监控和分析网络流量，未来的网络挖掘技术能够更有效地识别和解决网络流量瓶颈，优化带宽分配，提高网络的稳定性和效率，支持更加复杂的网络应用。在企业内部网络分析方面，网络挖掘技术将帮助企业更好地理解员工的沟通模式和协作关系，从而优化企业组织结构和提升团队合作效率，这将为企业带来更高的生产力和更好的管理。金融领域的网络分析技术将在检测和防范金融诈骗方面发挥重要作用。随着分析技术的不断进步，未来可以实现更加精准的异常行为识别和风险预警，保护金融资产安全。随着技术的不断进步，网络分析与挖掘将在数据科学中发挥越来越重要的作用，不仅能够提升数据分析的深度和广度，还将为各行各业提供更加智能化和精准化的解决方案。

4.3 文本挖掘与情感分析

文本挖掘与情感分析（图 4–7）是利用计算机技术从大量文本数据中提取有价值的信息的一种技术。随着互联网和社交媒体的普

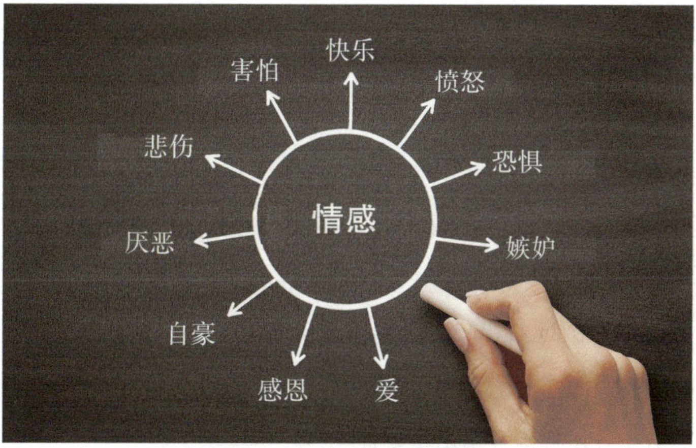

图 4–7 情感分析示意图

及，文本数据的量急剧增加，如何有效地从这些海量的文本中挖掘出有用的信息，成为了数据挖掘领域中的一个重要研究方向。文本挖掘涉及从非结构化文本中提取关键词、主题、情感等特征，并利用这些特征进行数据分析和决策支持。情感分析是文本挖掘中的一个关键应用，它旨在识别和提取文本中的情感信息，如积极、消极或

中性情绪。通过对用户评论、社交媒体帖子和新闻文章等文本进行情感分析,企业可以了解客户的满意度、市场趋势和舆论热点。文本挖掘和情感分析的结合,不仅能帮助企业优化产品和服务,还能在公共关系管理、市场营销和决策支持等领域为企业提供重要的支持。

一、发展历程

文本挖掘与情感分析是一种从大量文本数据中提取有价值信息的重要手段。早在20世纪80年代,随着计算机技术的初步发展,研究者们开始关注如何从非结构化文本数据中提取有用的信息。然而,当时的技术水平无法处理大量充满复杂性和多样性的文本数据。

进入21世纪,随着互联网的快速发展和社交媒体的普及,文本数据的数量急剧增加,这对信息提取和分析提出了更高的要求。20世纪90年代末,科学家们开发出更先进的文本挖掘技术,这些技术能够从电子邮件、新闻文章、用户评论等来源中提取关键信息。此时,情感分析也开始受到关注,特别是在消费者反馈和舆情监测中,情感分析技术逐渐显示出重要性。

如今,文本挖掘与情感分析已经成为数据科学中的重要领域。它们不仅能够帮助企业理解客户需求、优化产品和服务,还能在公共关系管理和市场营销中发挥关键作用。随着自然语言处理技术的不断进步,文本挖掘与情感分析的准确性和效率也在不断提高,推动了这一应用的快速发展。

二、面临的挑战

尽管文本挖掘与情感分析技术取得了显著进展，但在实际应用中仍然面临诸多挑战。

第一是文本数据的多样性和复杂性。文本数据往往来源于不同的渠道，如社交媒体、新闻文章、用户评论等，内容形式和语言风格差异很大。这种多样性和复杂性使得文本挖掘和情感分析面临着理解和解析多种文本特征的难题，如何开发出能够适应各种文本类型的算法是一个亟待解决的问题。

第二是情感分析中的歧义和隐喻问题。人类语言中常常包含隐喻、讽刺和双关语等复杂表达，这些表达使得情感分析变得困难。尤其是对讽刺和幽默等情感的准确识别（图4-8），对于现有的情感分析系统来说仍然是一个巨大的挑战。

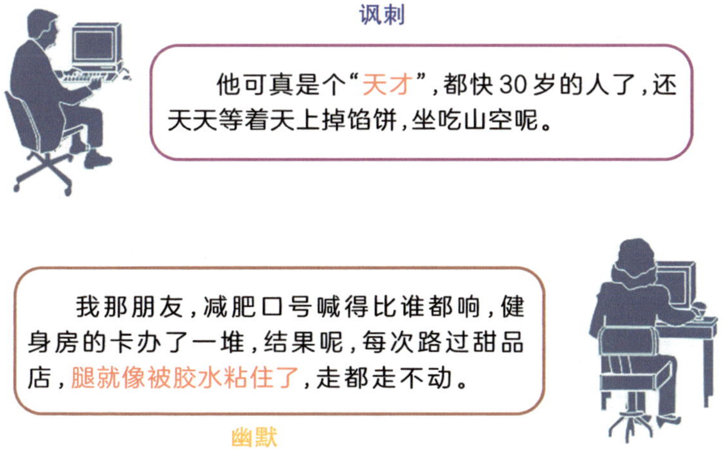

图4-8　复杂情感识别

第三是数据隐私和安全问题。随着个人数据被广泛地使用，如何在进行文本挖掘和情感分析时保护用户隐私和数据安全，成为了一个重要的研究方向。需要在保证数据分析质量的同时，严格遵守数据隐私保护法律法规。

第四是实时处理能力的提升。随着数据量的不断增长，如何高效地处理和分析大规模的文本数据，尤其是在实时应用场景中，成为了一个重要问题。提高文本挖掘与情感分析系统的处理速度和效率，以满足实时数据分析的需求，是未来技术发展的一个重要方向。

第五是跨语言和跨文化的情感分析。现有的情感分析技术大多数针对特定语言或文化背景进行优化，但在全球化的背景下，跨语言和跨文化的情感分析能力仍然有限。如何有效地将情感分析技术应用于不同语言和文化的文本数据中，将是未来研究的重要方向。

三、应用

（一）基于文本挖掘的舆情监测

在现代社会，信息流动迅速，社交媒体和新闻平台每天产生大量的文本数据。单一的数据源往往无法全面捕捉公众的情感和舆论动态。基于文本挖掘技术的舆情监测系统，通过整合来自不同平台的数据，如社交媒体评论、新闻报道和论坛帖子，能够实时跟踪和分析公众情绪。这样的多源数据融合不仅提高了监测系统的准确性，还能提供更全面的舆情分析，帮助企业和政府及时回应公众关注的问题。

(二)基于情感分析的客户反馈管理

传统的客户反馈管理系统往往依赖于结构化的数据和人工分析,效率低下且难以全面捕捉客户的真实情感。情感分析技术可以自动识别客户评论中的情感倾向,如积极、中性或消极(图 4-9),从而帮助企业更快地理解客户的满意度和需求。通过对客户的反馈进行情感分析,企业可以快速识别出关键问题,进而优化产品和服务,并制定有针对性的营销策略。随着情感分析技术的不断发展,越来越多的企业开始将其应用于客户服务和市场研究中,以提升业务决策的效率和准确性。

图 4-9　情绪分类示意图

四、前景与展望

文本挖掘与情感分析在数据分析领域中具有显著的优势,主要体现在以下几个方面:一是文本挖掘技术可以处理大量非结构化数据,从中提取有价值的信息。这种能力使得文本挖掘在社交媒体分析、客户反馈管理以及市场趋势预测中表现出色,能够有效应对信息的多样性和复杂性。二是情感分析技术可以实时识别文本中的情感倾向,从而帮助企业和组织迅速把握公众情绪和消费者反馈。这种实时反馈机制对于优化产品和服务、提高客户满意度具有重要意义。三是结合先进的自然语言处理技术和深度学习算法使文本挖掘与情感分析的准确性和效率不断提升。未来，随着技术的发展，文本挖掘与情感分析将能够处理更复杂的语言表述，并适应更多样的应用场景。

尽管当前的文本挖掘与情感分析技术仍面临一些挑战，如数据隐私问题、多语言处理难题以及情感表达的歧义等，但随着技术的不断进步和应用场景的拓展，文本挖掘与情感分析有望成为数据分析和决策支持的重要工具。未来，文本挖掘与情感分析将广泛应用于公共安全、医疗健康、金融风控等多个领域，为决策者提供更加精准和全面的信息支持。

4.4 推荐系统原理与应用

你有没有发现，如今在网上购物、刷社交媒体或者看视频的时候，好像总有种“心有灵犀”的感觉，平台总能给咱推送些特别对胃口的东西？这背后的“功臣”，就是神奇的推荐系统啦！（图4-10）

简单来说，推荐系统就像是你身边超贴心的“导购小助手”，它靠厉害的数据分析技术，能猜出你可能会对啥产品、啥服务感兴趣，然后一股脑地推荐给你。

它的“看家本领”主要有这么几招：先说协同过滤，这招可牛了，它会把你过去的行为，像是买过啥、浏览过啥，都仔仔细细研究一遍，再瞅瞅跟你喜好差不多的其他用户都喜欢啥，综合起来就能预测出你接下来可能钟情的好物啦。

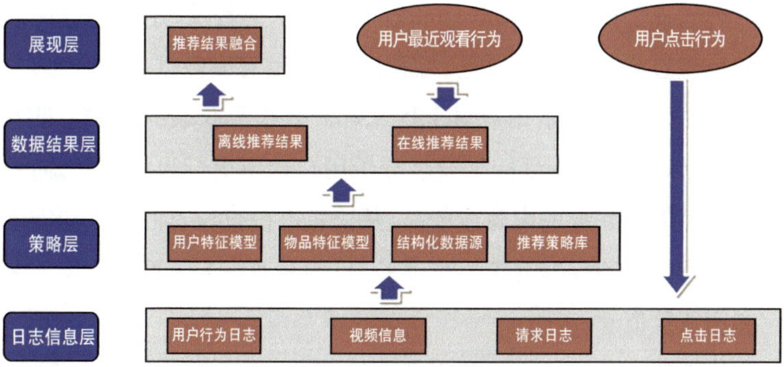

图4-10 推荐系统示意图

再讲讲内容推荐，这就好比你爱吃某种口味的蛋糕，推荐系统发现之后，就会把同口味或者类似的蛋糕找出来推荐给你，也就是依据你对特定类型内容的偏爱，给你挖掘更多相似的精彩内容。

还有混合推荐，这可是集大成者，把协同过滤和内容推荐的长处都融合到一块儿，这么一来，推荐的东西既精准又多样。

在咱们的日常生活里，推荐系统那可真是无处不在！电商平台用它给咱们量身定制个性化的推荐，逛起店来就像有个专属导购跟在身边，既能让咱们购物体验直线飙升，还能帮商家狠狠提升销售额；社交媒体平台呢，会根据咱们的兴趣爱好、互动情况，给咱们推荐趣味相投的好友，或者超有意思的内容，让社交变得更轻松愉快；视频平台也不例外，它仔细分析咱们的观看历史，就像知道咱们心底的“小九九”一样，把咱们可能爱看的影片、视频源源不断地推送过来。

总之，推荐系统已经悄然融入了生活的方方面面，让咱们的线上时光变得更加丰富多彩！

一、发展历程

现代社会中，随着互联网和数字化技术的普及，个人和企业面临的信息过载问题日益严重。面对海量的信息和数据，传统的信息检索方法已难以满足用户对个性化和高效信息获取的需求。推荐系统应运而生，核心目标是通过分析用户的历史行为和偏好，向用户推荐可能感兴趣的内容或产品，从而提高信息检索的效率和准确性。推荐系统不仅提升了用户体验，也为企业带来了更高的用户黏性和商业价值。

传统的推荐方法主要基于简单的过滤规则和静态的推荐算法，然而，随着数据规模的增长和用户需求的变化，这些方法逐渐显得力不从心。因此，现代推荐系统越来越多地依赖于机器学习和数据挖掘技术，以实现更加精准的结果。在数据预处理过程中，数据可视化不仅是理解数据的重要工具，更是发现数据中潜在问题的关键步骤。通过直观的图形展示，数据的结构、分布和特性变得一目了然，从而为后续的数据清洗、转换和特征工程提供了重要依据，以实现精准的推荐和个性化服务。例如，协同过滤技术可以通过分析用户行为的相似性来推荐内容，而基于内容的推荐则通过分析用户的兴趣来进行精准匹配(图4-11)。

图4-11　兴趣标签示意图

近年来，随着深度学习和大数据技术的快速发展，推荐系统也迎来了新的变革。这些先进技术能够处理更加复杂的用户行为数据，提升推荐的准确性和实时性。此外，推荐系统的应用场景也不断扩展，从电子商务到社交媒体，再到在线教育和医疗健康领域，都显示出很强的应用潜力和价值。

二、面临的挑战

推荐系统虽然在许多应用场景中取得了显著的成功，但在实际应用中仍面临一些挑战。

第一是数据稀疏性。用户的历史行为数据往往是有限的，尤其是新用户或新产品。数据稀疏性可能导致推荐系统无法准确了解用户的真实偏好，从而影响推荐结果的准确性。

第二是冷启动问题。冷启动问题主要指的是在系统启动阶段或新产品、新用户刚加入时，系统缺乏足够的历史数据来进行有效的推荐。解决这一问题需要开发新的技术，如基于内容的推荐或利用外部数据源来增强初始推荐效果。

第三是推荐算法的可解释性。当前许多推荐算法，尤其是深度学习模型，虽然能提供准确的推荐，但往往缺乏透明性和可解释性。用户和开发者难以理解推荐结果背后的原因，这可能影响用户对推荐系统的信任度。

第四是隐私保护。在推荐系统中，用户数据的收集和分析是至关重要的，但也涉及用户的隐私泄露问题。如何在保障用户隐私的前提下，仍能提供有效的推荐，是一个需要解决的重要问题。

第五是推荐的多样性和公平性。推荐系统往往倾向于推荐热门内容或产品，这可能导致推荐结果的单一化，忽视用户的多样化需求。如何平衡推荐的精准性、多样性和公平性，确保所有用户所需内容都能获得合理的曝光，是当前研究的重点之一。

三、应用

（一）个性化推荐

在电子商务、视频流媒体和社交媒体等领域，个性化推荐系统已经成为提升用户体验和增加商业价值的重要工具。分析用户的历史行为和偏好，推荐系统能够提供个性化的商品、内容或服务建议，从而提高用户满意度和留存率。例如，在电商平台中，推荐系统可以根据用户的购买历史和浏览记录，推送相关的商品或促销信息；在视频流媒体平台上，它可以根据用户的观影历史推荐感兴趣的电影或电视剧(图4-12)。这种个性化服务不仅提升了用户体验，也为企业带来了更高的产品转化率和收入。

图4-12　个性化电影推荐

(二)内容发现与优化

在内容丰富的在线平台，如新闻网站、音乐流媒体服务和教育平台，推荐系统能够帮助用户发现他们可能感兴趣的内容。在新闻网站上，推荐系统可以根据用户的阅读历史推荐相关的文章，帮助用户快速获取有价值的信息；在音乐流媒体服务中，推荐系统可以通过分析用户的音乐偏好推荐新的音乐或歌单；在教育平台上，推荐系统可以根据用户的学习进度和兴趣推荐适合的课程或学习资源。这些应用场景展示了推荐系统在内容发现和优化中的重要作用。

(三)广告投放优化

在数字广告领域,推荐系统能够显著提升广告投放的效果。通过分析用户的行为数据和兴趣偏好,广告平台可以精准地将广告投放给最有可能感兴趣的用户群体。例如,基于用户的浏览历史和购买记录,广告系统可以推送与用户兴趣相关的广告,从而提高点击率和转化率。此外,推荐系统还可以实时调整广告策略,根据用户的反馈和行为数据,优化广告内容和投放策略,实现更加高效的广告投放。

四、前景与展望

推荐系统技术作为数据挖掘领域的核心技术之一,发展潜力巨大。随着算法的不断优化和数据处理能力的提升,未来,推荐系统在个性化服务和智能决策支持方面的应用将会更加广泛。推荐系统不仅能进一步提升用户体验,增强用户黏性,还能在电子商务、数字广告、内容推荐等多个领域发挥更大的作用。未来,推荐系统将有望在更多领域实现广泛应用。例如,在智能家居系统中,推荐系统可以根据用户的生活习惯和偏好,推荐合适的智能家居产品或服务;在健康管理领域,它可以基于用户的健康数据提供个性化的健康建议和预防措施。同时,推荐系统也将更加注重数据隐私和安全问题,找到更加透明和公正的数据处理方式。

总体来看,推荐系统的前景非常广阔。随着技术的不断进步和应用场景的拓展,它将在推动各个行业智能化的进程中发挥越来越重要的作用。

第五章 数据挖掘中的机器学习

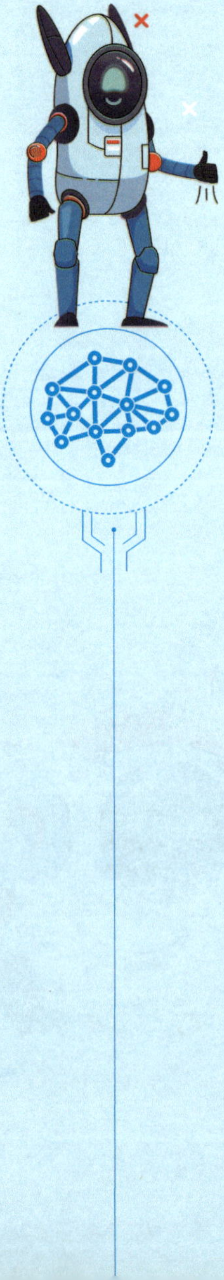

在当今数字化的时代，数据如同浩瀚的海洋，蕴藏着无尽的信息与价值。而机器学习作为一种强大的工具，正逐渐成为挖掘这些数据宝藏的关键手段。

从对数据模式的自动探索，到精准的预测与决策，机器学习在各个领域都展现出了惊人的潜力。在这一章中，我们将深入探讨数据挖掘中的机器学习，从机器学习的概述开始，了解其基本概念和重要性，接着区分监督学习与无监督学习的不同应用场景，探索深度学习在数据挖掘中的广泛应用，感受其强大的特征提取能力和处理复杂数据的优势。最后，我们将聚焦于机器学习模型的评估与优化，掌握如何准确衡量模型性能以及不断提升模型的精度与稳定性的方法。让我们一同开启这场机器学习在数据挖掘领域的精彩之旅，挖掘数据背后的奥秘，为解决现实问题提供更有力的支持。

5.1 机器学习概述

一、机器学习的应用

简单来说，机器学习就是赋予计算机像人类一样的学习能力，让它能够从大量的数据中自动发现规律和模式，进而做出预测或决策。在当今信息爆炸的时代，每天都会产生海量的数据，仅靠人类去分析和处理这些数据是不可能的。而机器学习就如同一位超级助手，能够快速、准确地从这些数据中挖掘出有价值的信息。

比如，当你在音乐播放软件上听歌时，软件会根据你的听歌历史为你推荐一些你可能喜欢的歌曲，这就是机器学习的一种应用。它通过分析你过去听过的歌曲类型、歌手、播放次数等数据，来推测你的音乐喜好，然后为你推荐符合你口味的歌曲。再如，在网上购物时，那些个性化的商品推荐也是机器学习的功劳。购物平台会分析你的购买记录、浏览历史、搜索关键词等数据，从而为你推荐你可能感兴趣的商品。图 5-1 是机器学习的示意图，在这张图片中，计算机就代表着进行机器学习的部件，而文件则代表着大量的数据，机器学习的过程就是计算机从这些数据中学习规律和模式的过程。

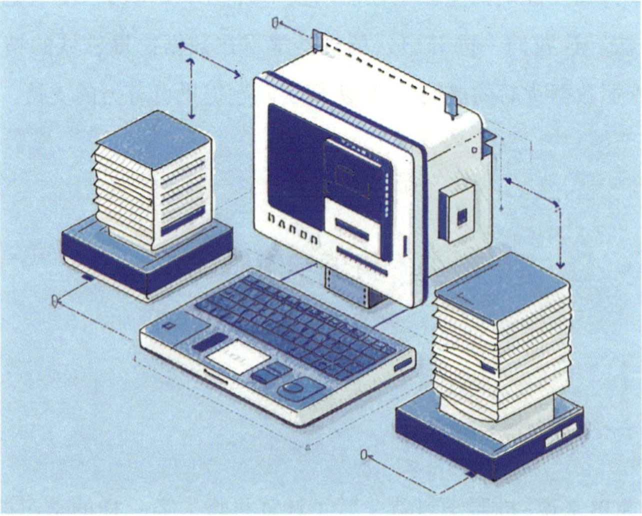

图 5-1　机器学习示意图

二、机器学习发展历程

机器学习的发展历程十分精彩(图5-2)。从早期的简单算法到如今复杂的深度学习模型,它经历了许多重大的突破。

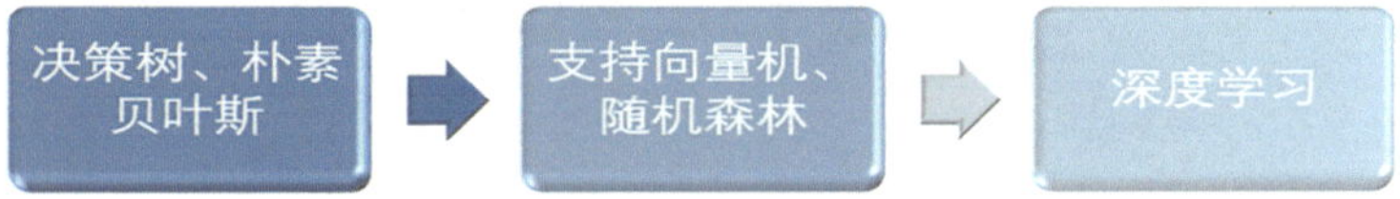

图5-2　机器学习发展历程

早期的机器学习算法主要包括决策树、朴素贝叶斯等。这些算法虽然相对简单,但在一些特定的问题上也能取得不错的效果。随着技术的不断进步,支持向量机、随机森林等更强大的算法被提出。它们在分类、回归等任务上表现出了更高的准确性和稳定性。

而近年来,深度学习的崛起更是将机器学习推向了一个新的高度。深度学习通过构建多层神经网络,可以自动学习数据中的高层次特征,从而在图像识别、语音处理、自然语言处理等领域取得了惊人的成就。例如,在图像识别领域,深度学习模型可以准确识别各种物体、场景;在语音处理方面,它能让智能语音助手更好地理解我们的指令;在自然语言处理领域,它可以实现智能翻译、文本分类等功能。

总之,机器学习是一个充满无限可能的领域。它不仅为我们的生活带来了诸多便利,也为科学研究、商业发展等提供了强大的支持。让我们一起期待机器学习在未来带给我们更多的惊喜吧!

5.2 监督学习与无监督学习

一、监督学习

监督学习就像是有一位严格的老师在指导着学习。在监督学习中,我们需要给计算机提供大量带有明确标签的数据。

比如说,我们想让计算机学会区分猫和狗的图片。我们会给计算机提供很多猫和狗的图片,并且每张图片都标注了是猫还是狗。计算机通过分析这些带有标签的图片,学习猫和狗各自的特征。经过一定量的学习后,当给计算机一张新的图片时,它就能根据之前学到的特征来判断这张图片上是猫还是狗。

监督学习在很多实际场景中都有重要应用。在邮件分类中,我们可以用监督学习的方法让计算机学会区分垃圾邮件和正常邮件。给计算机提供大量已经标注好的邮件数据,告诉它哪些是垃圾邮件,哪些是正常邮件。计算机通过学习这些数据,就能对新收到的邮件进行分类。

(一)典型算法

下面将对决策树和支持向量机两种监督学习的典型算法进行介绍。

1.决策树

决策树是一种基于树结构进行决策的算法。它通过对数据进行一系列的特征测试，将数据逐步划分到不同的分支，最终形成一个树形结构。每个内部节点表示一个特征属性的测试，每个分支代表一个测试结果，叶节点表示最终的分类或预测结果。其算法步骤如下。

(1)特征选择：选择一个最佳的特征作为划分数据的依据。通常使用信息增益、信息增益比、基尼指数等指标来衡量特征的重要性。

(2)数据划分：根据选择的特征，将数据划分为不同的子集，每个子集对应一个分支。

(3)递归构建：对每个子集重复上述步骤，直到满足停止条件，如所有样本属于同一类别、没有更多的特征可以选择等。

(4)生成决策树：根据上述过程构建出完整的决策树。

2.支持向量机

支持向量机是一种二分类模型，它的基本思想是找到一个超平面，能够将不同类别的数据尽可能地分开，并且使得离超平面最近的样本点到超平面的距离最大化。(图5-3)这些离超平面最近的样本点被称为支持向量。其算法步骤如下。

(1)数据预处理：对数据进行标准化等预处理操作，使得不同特征的数值范围在相似的尺度上。

(2)寻找最优超平面：通过求解一个优化问题，找到能够将不同数据类别进行最大化分类的超平面。这个优化问题可以使用拉格朗日乘子法等方法进行求解。

(3)分类决策:对于新的数据点,根据其在超平面的哪一侧来确定其类别。

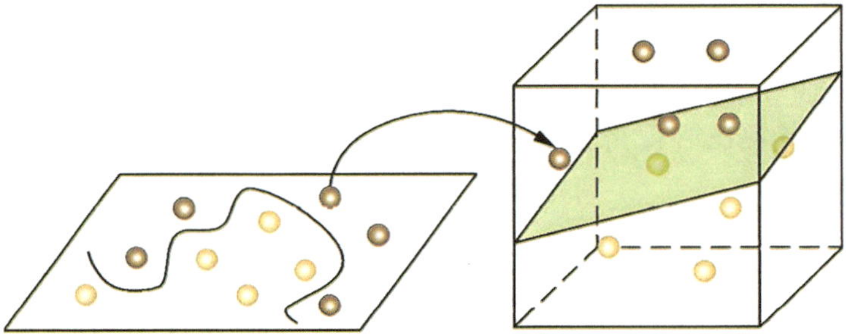

5-3 支持向量机算法过程示意图

(二)应用场景

1.分类任务

(1)邮件分类:通过对大量已标注的垃圾邮件和正常邮件进行学习,建立分类模型,之后即能够准确地判断新收到的邮件是否为垃圾邮件。

(2)图像识别:例如识别不同种类的动物、植物等。先给计算机提供大量带有标注的图像数据,让它学习不同类别图像的特征,从而能够对新的图像进行准确分类。

2.回归任务

(1)房价预测:根据房屋的面积、地理位置、房间数量等特征,以及对应的房价等数据进行学习,建立回归模型,预测新房屋的价格。

(2)销售预测:企业可以根据历史销售数据、市场趋势、季节因素等特征,利用有监督学习的方法预测未来的销售情况,以便合理安排生产和库存。

3. 自然语言处理

(1)情感分析:判断一段文本是积极、消极还是中性的情感。对大量带有情感标注的文本进行学习,建立情感分析模型,能够对新的文本进行情感判断。例如,分析用户对产品的评价是好评还是差评。

(2)机器翻译:对大量的双语对照文本数据进行学习,建立翻译模型,实现不同语言之间的自动翻译。

(三)优缺点

1. 优点

(1)明确的目标和评估标准:监督学习有明确的目标,即通过学习带有标签的数据来预测新的数据或将其分类。这使得学习过程有明确的方向,并且可以通过比较来预测结果,并通过真实标签来评估模型的性能。有多种评估指标,如准确率、精确率、召回率等,可以准确地衡量模型的好坏,从而方便进行模型的选择和优化。

(2)适用于各种实际问题:监督学习在很多领域都有广泛的应用,如图像识别、语音处理、自然语言处理、金融预测、医疗诊断等。可以根据不同的问题选择合适的算法和模型,以满足实际需求。对于一些复杂的任务,监督学习可以通过组合多个模型或使用深度学习等方法来提高性能。

(3)可以利用人类经验和知识:由于具有标注数据,监督学习可以利用人类的经验和知识来指导学习过程。例如,在医学图像诊断中,医生可以标注大量的图像数据,让计算机学习疾病的特征,从而提高诊断的准确性。可以通过引入领域内专家的知识来改进模型,使其更符合实际应用的要求。

2.缺点

(1)依赖大量标注数据:监督学习需要大量的标注数据来训练模型,但获取标注数据往往是昂贵和耗时的。特别是一些复杂的任务,需要专业人员进行标注,成本更高。当标注数据不足时,模型可能会出现过拟合现象,即对训练数据过度拟合,而对新的数据表现不佳。

(2)泛化能力有限:监督学习模型通常是在特定的数据集上进行训练的,当它应用到不同的数据集或实际场景中时,可能会出现性能下降的情况。这是因为模型可能过于依赖训练数据的特征,而无法适应新的数据情况。为了提高模型的泛化能力,需要进行数据增强、正则化等操作,但这些方法也有一定的局限性。

(3)对数据质量要求高:标注数据的质量对监督学习模型的性能有很大影响。如果标注数据存在错误、不一致或不完整的情况,模型可能会学习到错误的模式,从而影响预测结果的准确性。因此,需要对标注数据进行严格的质量控制和清洗,以确保数据的可靠性。

二、无监督学习

无监督学习更像是让计算机进行自由探索。在无监督学习中,我们只给计算机提供没有标签的数据。

例如,我们给计算机一堆各种颜色、形状的图形,没有告诉计算机这些图形代表什么。计算机自己去分析这些图形的特征,然后尝试把相似的图形归为一类。如把红色的圆形归为一类、蓝色的三角形归为一类等。

无监督学习在数据挖掘中也有很多用途。比如在客户细分中，通过分析客户的各种行为数据，如购买记录、浏览历史等，计算机可以把具有相似行为的客户自动分成同一群体。这样企业就可以针对不同的客户群体制定更有针对性的营销策略。

（一）典型算法

1.K-Means聚类

K-Means是一种基于距离的聚类算法，它将数据划分为k个聚类，使得每个数据点到其所属聚类中心的距离之和最小。其算法步骤如下。

（1）初始化：随机选择k个数据点作为初始聚类中心。

（2）分配数据点：对于每个数据点，计算它到每个聚类中心的距离，将其分配到距离最近的聚类中。

（3）更新聚类中心：对于每个聚类，计算该聚类中所有数据点的均值，作为新的聚类中心。

（4）重复步骤2和3，直到聚类中心不再变化或达到最大迭代次数。

2.主成分分析（简称PCA）

PCA是一种降维算法，它通过线性变换将高维数据投影到低维空间，同时保留数据的主要特征。其算法步骤如下。

（1）数据标准化：对原始数据进行标准化处理，使得每个特征的均值为0，方差为1。

（2）计算协方差矩阵：计算标准化后数据的协方差矩阵。

（3）计算特征值和特征向量：对协方差矩阵进行特征值分解，得到特征值和特征向量。

（4）选择主成分：根据特征值的大小，选择前 k 个最大的特征值对应的特征向量作为主成分。

（5）投影数据：将原始数据投影到主成分上，得到降维后的数据。

（二）应用场景

1.数据探索与分析

当面对大量未标注的数据时，无监督学习可以帮助我们发现数据中的潜在结构和模式。例如，对一组没有任何标签的用户行为数据进行分析，可能会发现一些自然形成的用户群体，这些群体具有相似的行为模式，但我们事先并不知道这些群体的存在。

可以用于数据降维，将高维数据转换为低维表示，以便更好地理解数据。比如在处理高维的图像数据时，通过无监督学习的方法可以将其降维到二维或三维空间，从而更直观地观察数据的分布情况。

2.异常检测

在网络安全领域，无监督学习可以检测异常的网络流量。分析正常网络流量的模式，当出现与正常模式不同的流量时，就可以判断可能存在网络攻击。

在工业生产中，检测设备的异常运行状态。通过对设备正常运行数据的学习，一旦设备的数据出现异常变化，工作人员就可以及时发现问题并进行维修，避免设备故障带来的损失。

3.聚类分析

（1）客户细分：企业可以利用无监督学习对客户数据进行聚类，将客户分成不同的群体，每个群体内具有相似的特征和需求。这样企业就可以针对不同的客户群体制定个性化的营销策略，提高客户满意度和忠诚度。

（2）文本聚类：对于大量的文本数据，无监督学习可以将相似的文本归为一类，方便文本的分类管理和检索。例如，在新闻分类中，可以将相似主题的新闻自动归为一类，方便用户浏览和查找感兴趣的新闻。

（三）优缺点

1.优点

（1）无须标注数据：在很多实际应用中，获取标注数据是非常昂贵和耗时的。无监督学习算法可以直接处理未标注的数据，大大降低了数据准备的成本。例如，在处理大量的自然图像、文本数据或传感器数据时，不需要人工对每一个数据样本进行标注。对于一些难以标注的领域，如复杂的科学研究数据、新兴领域的数据等，无监督学习提供了一种可行的分析方法。

（2）发现潜在结构和模式：无监督学习能够自动从数据中发现潜在的结构、模式和关系，这些发现可能是人类难以直观察觉的。例如，在客户行为数据分析中，无监督学习可以发现不同客户群体的消费模式和偏好，帮助企业更好地理解客户需求。对于高维数据，无监督学习可以进行有效的降维，将数据映射到低维空间，便于可视化和进一步分析。

（3）适应性强：无监督学习算法不依赖于特定的任务或目标，因此对于不同类型的数据和问题都有较强的适应性。无论是图像、文本、音频还是其他类型的数据,都可以尝试使用无监督学习方法来探索数据的内在特征。当数据的分布或特征发生变化时,无监督学习算法通常能够自动调整,适应新的数据情况。

2.缺点

(1)结果解释性较差:由于无监督学习是在没有明确目标的情况下进行的,其结果往往难以直接解释。例如,通过聚类算法得到的不同数据群组,研究人员很难确切地说明每个群组代表什么具体的含义。对于一些需要明确解释和可理解性的应用场景,无监督学习的结果可能不够令人满意。

(2)缺乏准确的评估标准:与监督学习不同,无监督学习没有明显的正确答案或标注数据来评估算法的准确性。这使得研究人员很难确定无监督学习算法的性能是否良好,以及对不同算法之间的比较也变得困难。通常只能通过一些间接的指标,如聚类的紧密度和分离度等,来评估无监督学习算法的效果,但这些指标并不一定能完全反映该算法在实际应用中的价值。

(3)可能存在错误的发现:无监督学习算法可能会从数据中发现一些虚假的模式或结构,尤其是当数据中存在噪声或异常值时。这些错误的发现可能会误导后续的分析和决策。由于没有标注数据的验证,很难确定发现的模式是否真正具有意义和价值。

5.3 深度学习在数据挖掘中的应用

一、深度学习基本概念

深度学习是一种基于人工神经网络的机器学习方法，它通过构建具有多个层次的神经网络结构（图5-4），从大量数据中自动学习复杂的模式和特征。

深度学习的核心是神经网络，它由大量的神经元组成，每个神经元接收输入信号，进行一定的计算后输出信号。这些神经元通过不同的连接方式组成不同的网络结构，从而实现对数据的处理和分析。

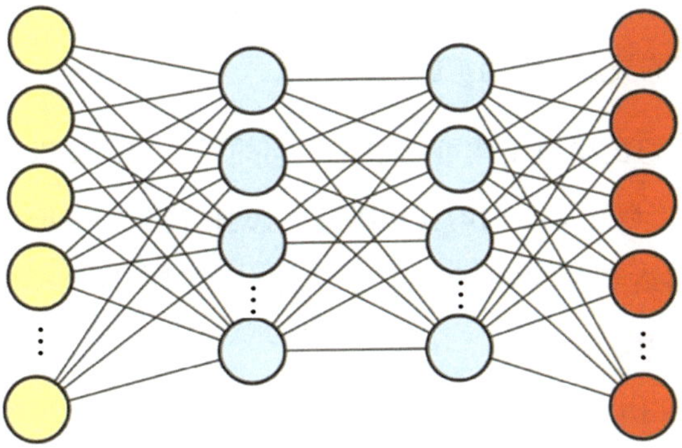

图5-4　深度学习神经网络示意图

与传统的机器学习方法相比，深度学习具有以下几个特点。

1.强大的特征提取能力

深度学习能够自动从数据中学习到高层次的特征表示，而不需要人工设计特征。这使得深度学习在处理复杂数据，如图像、语音和文本等方面具有很大的优势。

例如，在图像识别中，深度学习模型可以自动学习到图像中的边缘、纹理、形状等特征，从而实现对不同物体的识别。

2.大规模数据处理能力

深度学习需要大量的数据来训练模型，以提高模型的准确性和泛化能力。随着大数据时代的到来，越来越多的数据可以被用于深度学习的训练，这使得深度学习在处理大规模数据方面具有很大的潜力。

例如，在自然语言处理中，深度学习模型可以利用大量的文本数据来学习语言的语法、语义和语用等特征，从而实现对自然语言的理解和生成。

3.高度的灵活性和可扩展性

深度学习的网络结构可以根据不同的任务和数据进行灵活的设计和调整，以适应不同的应用场景。同时，深度学习的模型可以通过增加网络层次、神经元数量等方式进行扩展，以提高模型的性能和处理能力。

例如，在图像分类中，可以根据不同的图像数据集和分类任务，设计不同的深度学习模型结构，如卷积神经网络、循环神经网络等。

总之，深度学习是一种具有强大特征提取能力、大规模数据处理能力和高度灵活性的机器学习方法,它在数据挖掘、计算机视觉、自然语言处理等领域取得了巨大的成功,为人工智能的发展带来了新的机遇和挑战。

二、深度学习的应用

(一)客户行为分析

在商业领域,深度学习可用于分析客户的类型(图5-5)。对客户的购买历史、浏览记录、搜索关键词等数据进行深度学习分析,还可以发现客户的兴趣爱好、消费习惯等特征。企业可以根据这些分析结果进行精准营销,推荐符合客户需求的产品或服务。

例如,某电商平台利用深度学习技术对客户的行为数据进行分析,发现一些客户在购买电子产品时,通常会先浏览相关的评测文章和视频。基于这个发现,该平台在推荐电子产品时,会同时推荐相关的评测内容,提高了客户的购买转化率。

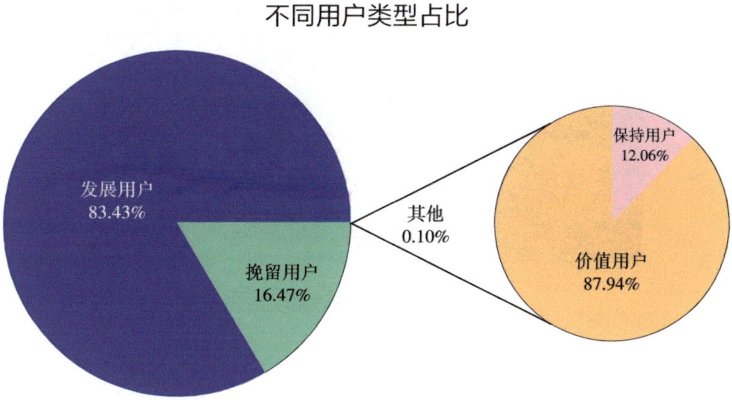

图5-5　某平台客户类型示意图

(二)欺诈检测

金融领域中,欺诈行为会给企业和客户带来巨大的损失(图5-6)。深度学习可以通过分析大量的交易数据,识别出异常的交易模式,从而检测出欺诈行为。例如,对于信用卡交易,深度学习模型可以学习正常交易的特征,当出现与正常模式不符的交易时,会及时发出警报。

一家银行利用深度学习技术建立了欺诈检测系统,该系统能够实时分析信用卡交易数据,准确识别出潜在的欺诈交易,大大降低了银行的损失。

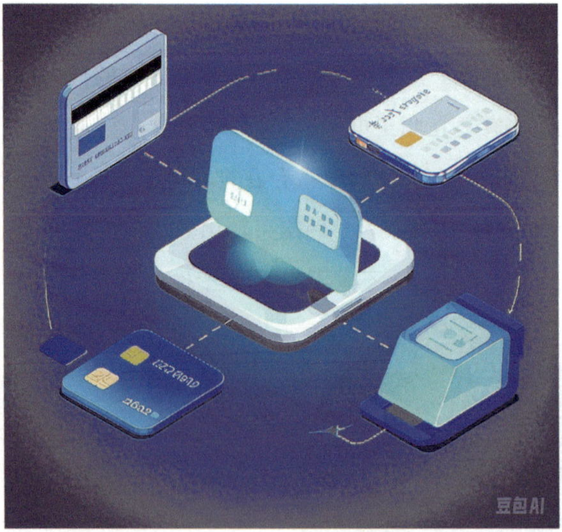

图5-6　信用卡欺诈示意图

(三)医疗数据分析

在医疗领域,深度学习可以对大量的医疗数据进行分析,辅助医生进行疾病诊断和治疗决策(图5-7)。例如,对医学影像数据(如X射线片、CT图像等)进行深度学习分析,可以自动检测出病变区域,提高诊断的准确性和效率。

此外,深度学习还可以分析电子病历数据,预测疾病的发生风险率、治疗效果等。例如,对大量患者的病历数据进行学习,建立疾病预测模型,帮助医生提前采取预防措施。

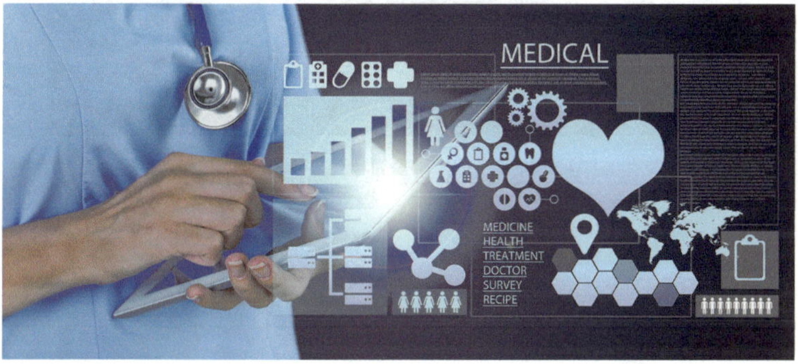

图5-7　医疗大数据分析示意图

(四)自然语言处理

数据挖掘中经常涉及对文本数据的处理,深度学习在自然语言处理方面表现出色(图5-8)。例如,深度学习模型可以进行文本分类、情感分析、机器翻译等任务。

在新闻媒体领域,深度学习可以对大量的新闻文章进行分类,方便用户快速找到感兴趣的内容。在社交媒体中,深度学习可以分析用户的评论和帖子,了解公众的情绪和意见。

图5-8 自然语言处理技术示意图

第六章

数据挖掘的应用案例

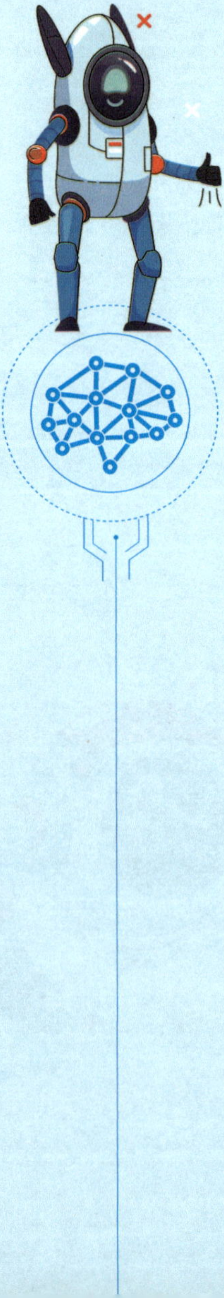

数据挖掘在众多领域有着广泛且重要的实际应用。

在商业领域,零售企业借助数据挖掘分析顾客的购买历史、浏览行为等数据,能精准地进行客户细分,进而制定个性化的营销策略。例如,为不同客户群体推荐合适商品,提高销售额与客户忠诚度等。同时,通过分析销售数据预测商品销量,数据挖掘能够助力企业做好库存管理,降低成本。

在金融行业,银行利用它来评估客户信用风险,根据客户的收入、资产、过往借贷记录等多维度数据,判断其还款能力与违约风险,合理决定是否放贷及放贷额度。证券机构则依靠数据挖掘分析股市行情、公司财报等信息,预测股价走势,辅助投资者做出更明智的投资决策。

在医疗方面,通过挖掘大量的病例数据,能够辅助医生进行疾病诊断,比如发现疾病症状与诊断结果之间的关联模式。还可以用于药物研发,分析药物疗效和副作用等数据,加速新药研发进程,提高研发成功率。

在交通领域,可依据实时交通流量找出交通拥堵原因,优化信号灯设置、规划道路建设,提升城市交通运行效率。

总之,数据挖掘正凭借强大的数据分析能力,在多个行业发挥关键作用,推动社会不断发展与进步。

6.1 电商领域的应用

数据挖掘在电商领域的应用非常广泛，通过对用户数据的深入分析，电商平台能够提高销售效率、优化用户体验，并制定更精准的市场策略。在电商领域，数据挖掘技术被应用于多个场景，例如个性化推荐系统、购物篮分析、客户细分、用户流失预测和定价策略优化等。

一、数据挖掘在电商领域的应用

（一）电商领域介绍

电商是指通过互联网进行的商品和服务的交易形式。随着互联网技术的发展，电商平台已经成为我们生活中购物的重要渠道（图6-1）。在这些电商平台上，每天都有大量的交易数据产生，这些数据包括用户的购买记录、浏览记录、搜索记录等。

在电商领域，数据挖掘可以帮助平台更好地了解用户的喜好，并提供个性化的购物体验。比如，通过分析用户的购买历史和浏览记录，电商平台可以推荐用户可能感兴趣的商品。这种推荐系统不仅能增加用户的购买率，还能提高用户的满意度。

图6-1　互联网电商平台

(二)应用场景

1. 个性化推荐系统

个性化推荐系统是数据挖掘技术在电商领域最广泛的应用之一。它的目标是根据用户的历史行为和兴趣,向他们推荐可能感兴趣的商品(图6-2)。这不仅可以提高用户的购物体验,还能增加商品的曝光率和销售量。例如,用户在某电商平台上购买了一台相机,系统可能会向用户推荐相关的相机配件或摄影教程书籍。

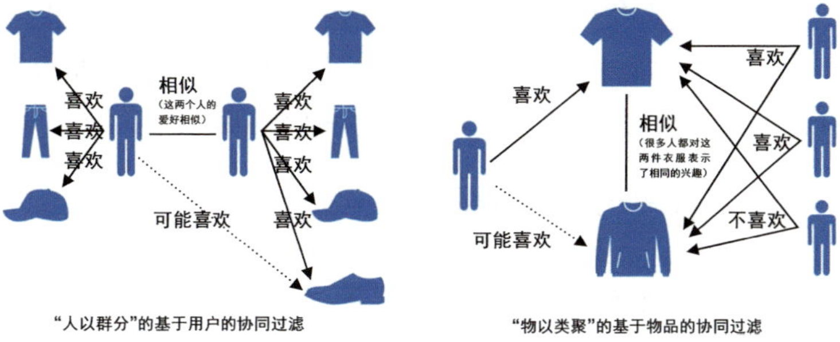

图6-2　个性化推荐算法示意图

2.购物篮分析

购物篮分析这种技术旨在分析用户购买行为之间的关联性，通过识别常见的商品组合，帮助电商平台优化商品陈列和库存管理。例如，如果系统发现很多用户在购买面包时也购买牛奶，平台可能会在货架上将这两类商品放在一起，或者推出相关的捆绑销售。

3.客户细分

数据挖掘还可将用户划分为不同的群体，以便进行有针对性的营销。通过分析用户的购物行为、偏好和购买力，电商平台可以将用户分为"高消费型用户""折扣敏感型用户""忠诚用户"等群体，并制定相应的营销策略。

4.用户流失预测

这一应用旨在识别出可能流失的用户，从而采取措施挽留他们。通过分析用户的购买行为数据，例如最近的购买时间、浏览商品的频率和停留时间等，系统可以预测哪些用户有流失的风险，并提前发送优惠券或个性化推荐来挽留这些用户。

5.定价策略优化

数据挖掘技术可以帮助电商平台根据市场需求、竞争态势和历史销售数据，制定动态定价策略。通过分析用户对不同价格的反应，平台可以调整价格以实现最大化销售额和利润。

二、数据挖掘在电商领域的应用原理

在电商领域，数据挖掘技术的应用原理主要基于机器学习和统计分析。以下是几种常用算法和技术的原理。

1.协同过滤

协同过滤算法是个性化推荐系统中最常用的算法之一。它基于用户的行为相似性或商品的相似性进行推荐,主要分为两种类型:基于用户的协同过滤和基于商品的协同过滤。基于用户的协同过滤能够通过计算用户之间的相似度(如余弦相似度或皮尔逊相关系数),找出与目标用户行为相似的其他用户,并推荐这些用户喜欢的商品。基于商品的协同过滤则能够通过计算所购商品之间的相似度,向用户推荐与他们之前喜欢的商品类似的其他商品。

2.关联规则挖掘

关联规则挖掘技术用于购物篮分析,旨在发现商品之间的关联关系。最经典的算法是Apriori算法,它通过频繁项集的生成来发现商品组合的购买规律(图6–3)。例如,分析购物车数据,可以发现"如果用户购买了商品A,那么他们也可能购买商品B"的规律。这种关联规则有助于优化商品布局和改进促销策略。

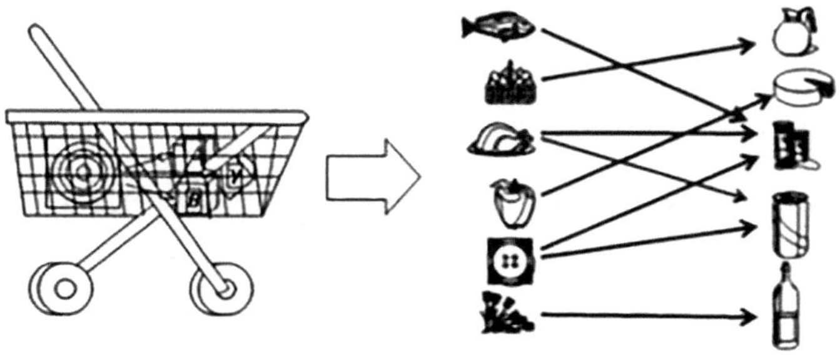

图6–3 关联规则购物篮分析示意图

3.聚类分析

聚类分析可将用户分成多个组,每组用户具有相似的特征或行为,从而为每组用户制定差异化的营销策略。常用的聚类算法有K-means聚类、层次聚类等(图6-4)。

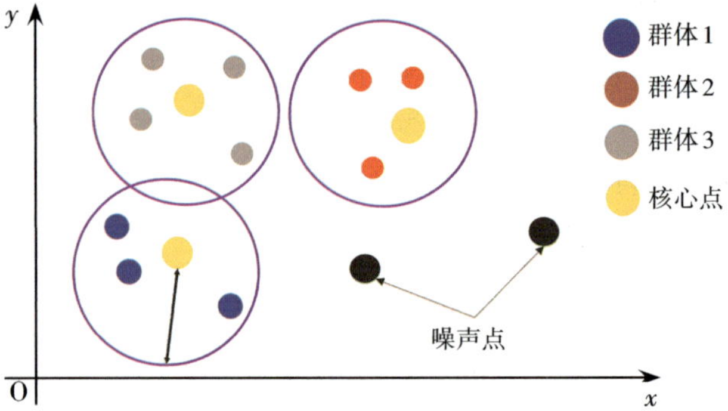

图6-4　聚类算法示意图

4.分类算法

分类算法是用于用户流失预测和其他分类任务的算法。常见的分类算法有决策树、随机森林、逻辑回归和支持向量机等。这些算法通过学习用户的历史行为数据,预测用户是否会流失或对某种商品感兴趣。

5.时间序列分析

时间序列分析是用于定价策略优化和销售预测的技术。它通过分析历史销售数据和市场趋势,预测未来的销售情况和用户行为,从而帮助电商平台制定合适的定价策略和库存管理策略。

6.2 金融领域的应用

在金融领域，数据挖掘技术已经成为提升风控能力和优化业务流程的重要手段。通过对海量数据的分析和处理，金融机构能够更好地识别风险、预防欺诈、优化信贷策略，并提升整体的运营效率。在本节中，我们将详细介绍数据挖掘在金融领域中的应用及其应用原理，以及具体应用实例及实现过程。

一、数据挖掘在金融领域的应用

（一）金融行业简介

金融行业是一个与我们的生活息息相关的行业，它包括银行、证券公司、保险公司等。金融机构需要管理大量的客户信息和交易数据，而对这些数据的分析对于风险控制和提高收益至关重要（图6-5）。数据挖掘在金融领域主要用于风险控制和反欺诈。通过分析客户的信用记录、交易行为等数据，银行可以判断某个客户是否有较高的违约风险，从而做出是否放贷的决定。此外，数据挖掘还可以识别异常的交易行为，帮助金融机构及时发现和防范欺诈行为。

图6-5　金融大数据分析示意图

（二）具体应用场景

1.信用评分与贷款审批

信用评分是评估借款人信用风险的核心工具，通过分析借款人的信用历史、收入水平、负债情况、职业稳定性等数据（图6-6），金融机构能够评估借款人的违约概率，从而决定是否批准贷款申请以及如何定价。信用评分系统在降低坏账率和优化信贷策略方面起着至关重要的作用。

图6-6　信贷的信用评分示意图

2. 欺诈检测

在金融交易中，欺诈行为屡见不鲜。数据挖掘技术能够通过分析用户的交易模式、行为特征和历史数据，识别异常行为并预警可能的欺诈行为。例如，当信用卡被盗刷时，系统可以及时识别出异常交易，并通知持卡人采取行动。

3. 反洗钱

反洗钱是金融机构的重要职责，数据挖掘技术可以帮助识别和追踪洗钱活动。通过分析大规模交易数据和客户行为，系统可以发现可疑的资金流动，并向有关部门报告。

4. 市场风险预测与管理

数据挖掘技术可用于分析市场数据和交易数据，帮助金融机构预测市场风险和波动性，并制定相应的风险管理策略。例如，量化投资策略依赖于对大量市场数据的分析和预测，以优化投资组合和对冲风险。

5. 客户细分和营销优化

通过数据挖掘技术，金融机构可以将客户划分为不同的群体，根据每个群体的特征制定相应的产品和营销策略。这有助于提升客户满意度和忠诚度，同时提高市场营销的效率和效果。

二、数据挖掘在金融风控中的应用原理

在金融风控领域，数据挖掘的应用主要依赖于机器学习算法和统计分析方法。以下是几种常用的技术和原理。

1.决策树算法

决策树是一种监督学习方法，广泛应用于信用评分和贷款审批。决策树通过对数据进行分割来预测结果，每个节点代表一个决策条件，每个分支代表一种决策结果。通过学习大量历史数据，决策树能够自动生成规则，协助评估借款人的信用风险。(图6-7)。

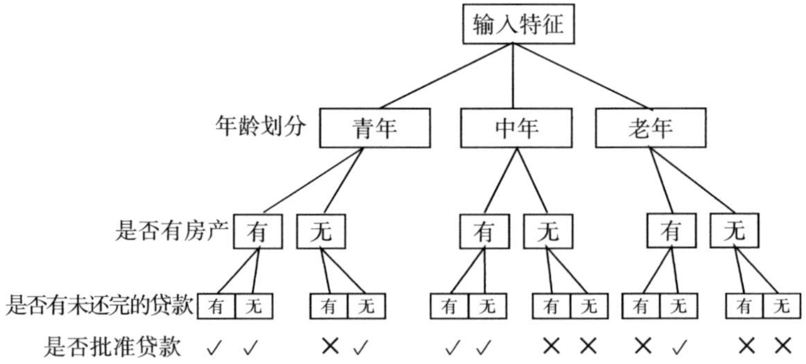

图6-7 决策树实现信用评估

2.逻辑回归

逻辑回归是常用于二分类问题的统计模型，特别适合于信用评分和欺诈检测等领域。它通过学习输入数据(如收入、负债、信用历史等)和输出结果(如违约与否、欺诈与否)之间的关系，预测未来的结果。逻辑回归模型简单易懂，结果具有可解释性，是金融风控中常用的模型之一。

3.随机森林

随机森林是一种集成学习的方法，由多棵决策树组成，用于分类和回归任务。它能够有效处理大数据集并提高预测准确性。随机森林在信用评分和欺诈检测中表现优异，因为它能够处理高维度数据并减少过拟合现象。

4.支持向量机(简称:SVM)

SVM是一种用于分类和回归的机器学习模型,常用于欺诈检测和客户细分。SVM通过寻找最佳的超平面,将数据点分成不同的类别。在欺诈检测中,SVM可以帮助识别正常和异常的行为模式,提高检测的准确性。

5.人工神经网络

人工神经网络特别适合处理复杂非线性关系的任务,如信用评分和市场风险预测。通过模拟人脑的神经网络,人工神经网络能够从数据中学习复杂的模式并进行预测。人工神经网络可以处理大量数据并从中提取复杂的特征,在金融风控中得到广泛应用。

6.3 健康医疗领域的应用

在健康医疗领域，数据挖掘技术正逐渐成为提升诊疗质量、优化医疗资源配置和改善患者体验的重要工具。通过对海量医疗数据的分析和处理，医疗机构和研究人员能够更好地理解疾病模式、优化治疗方案，并做出更准确的诊断。在本节中，我们将详细介绍数据挖掘在健康医疗领域的应用及其应用原理，以及具体应用实例和实现过程。

一、数据挖掘在健康医疗数据分析中的应用

（一）健康医疗

健康医疗是与我们的身体健康和生活质量直接相关的领域。医院和研究机构每天都会产生大量的健康数据，如病人的病历、检查结果、治疗记录等（图 6-8）。如何利用这些数据来提高诊断水平和治疗效果，是当前医疗领域的一个重要课题。

图6-8　数据挖掘在健康医疗中的应用示意图

(二)具体应用场景

1.疾病预测与早期诊断

通过对电子健康记录、基因组数据和患者历史数据的分析,数据挖掘技术可以帮助识别疾病的早期征兆,从而实现疾病的早期预测和诊断。例如,通过分析大量患者的病史和临床数据,可以预测糖尿病、高血压、癌症等慢性病的发病风险,提前采取预防措施。

2.个性化医疗方案

个性化医疗是数据挖掘技术的重要应用领域之一。通过分析患者的基因组信息、代谢数据、药物反应等,医生可以制定更为精准的治疗方案。例如,针对癌症患者,不同的基因突变类型可能对应不同的治疗药物和方案,数据挖掘技术可以帮助患者选择最适合的治疗方案,提高治疗效果。

3. 医学影像分析

数据挖掘技术在医学影像分析中也有着重要应用。通过对大量医学影像的自动化分析，系统可以辅助医生进行诊断，并发现肉眼难以察觉的病灶（图6-9）。例如，深度学习模型可以通过学习大量标注好的医学影像，识别出早期肺癌、脑卒中等疾病的影像特征。

图6-9　深度学习帮助识别医学图像特征

4. 医疗管理优化

数据挖掘技术还被用于优化医院的资源管理和运营策略。通过分析患者流量、住院率、手术排班等数据，医院管理者可以更好地安排医疗资源，提高医院的运行效率和患者满意度。例如，分析急诊室的历史数据可以帮助预测就诊高峰时间段，合理安排急诊医生和病床资源。

5.药物研发与临床试验分析

在药物研发过程中,数据挖掘技术被用来分析临床试验数据,评估药物的疗效和安全性。对患者反应数据的深入分析,可以加快药物研发过程,发现潜在的副作用,并优化临床试验的设计和实施。

二、数据挖掘在健康医疗数据分析中的应用原理

在健康医疗领域,数据挖掘的应用主要依赖于多种机器学习算法和统计分析方法。以下是几种常用的技术和原理。

1.监督学习

监督学习是数据挖掘中最常用的技术之一,广泛应用于疾病预测和医学影像分析。通过学习标注数据(如健康和疾病的分类标签),监督学习算法可以训练出模型来预测新数据的特征。常见的算法包括逻辑回归、支持向量机、随机森林和神经网络等。在医学影像分析中,深度学习模型(如卷积神经网络等)可以自动学习和提取影像中的特征,进行疾病检测和分类。

2.非监督学习

非监督学习用于处理未标注的数据,常用于患者细分和模式识别等任务。通过聚类算法(如K-means聚类、层次聚类等),数据挖掘技术可以将患者分为不同的群体。例如,根据不同的病症、病史和治疗反应,将患者划分为多个群体,从而制定更具针对性的治疗策略。

3.关联规则挖掘

关联规则挖掘技术用于发现医疗数据中的关联模式。例如,某些药物组合可能导致特定的副作用,或者某些病症之间存在共现关

系。Apriori算法和FP-Growth算法是常用的关联规则挖掘算法,它们能够帮助医生和研究人员发现数据中的隐藏模式和规律。

4. 时间序列分析

在疾病监控和患者管理中,时间序列分析用于分析患者健康指标(如血压、血糖水平等)的变化趋势,帮助医生及时调整治疗方案。时间序列模型(如ARIMA、LSTM神经网络)能够处理与时间相关的数据,预测未来的趋势和变化。

5. 生存分析

生存分析主要用于分析患者的生存时间和相关事件之间的关系,如手术后并发症发生率和疾病复发率等。Cox回归模型和生存曲线是常用的生存分析方法,它们可以帮助医生评估不同治疗方案的效果和风险(图6-10)。

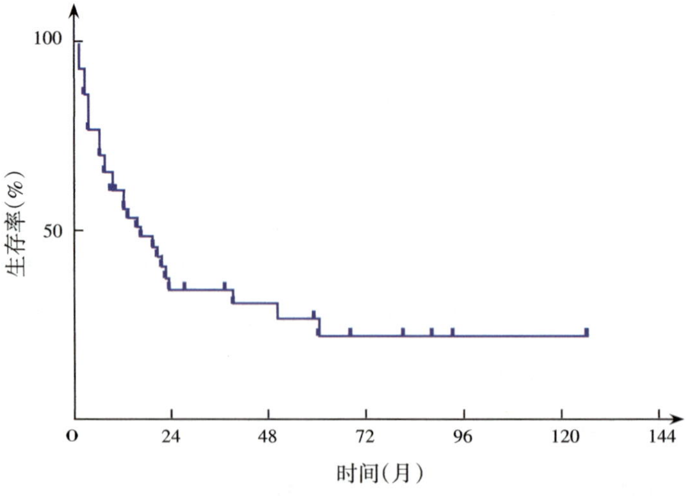

图6-10　生存曲线示意图

6.4 社交网络领域的应用

在社交网络数据分析领域，数据挖掘技术被广泛应用于理解用户行为模式、挖掘社交关系、提升用户体验，以及优化内容分发和广告投放策略。通过分析社交网络中产生的海量数据，平台能够更好地了解用户的兴趣和需求，从而在个性化推荐、舆情分析、用户画像构建等方面做出更为精准的决策。在本节中，我们将详细介绍数据挖掘在社交网络领域的应用及其应用原理，以及具体应用实例及实现过程。

一、数据挖掘在社交网络数据分析中的应用

（一）社交网络简介

社交网络指的是通过互联网建立起来的人际关系网络，如微信、微博、Facebook、Instagram 等。每天，成千上万的人通过这些平台分享他们的生活、思想和情感。这些数据反映了社会的发展趋势和人们的兴趣爱好。

数据挖掘在社交网络中的应用主要体现在用户行为分析和舆情监测上。通过分析用户的发帖、评论、点赞等行为，社交网络平台可以了解用户的兴趣和情感倾向，并针对性地推送广告。此外，数据挖掘还可以帮助政府和企业及时了解社会舆论动态，做出迅速反应。

(二)应用场景

在社交网络数据分析中,数据挖掘技术的应用涵盖了多个关键场景。这些场景的核心目标是分析用户在社交平台上的行为数据和社交互动数据,挖掘出有价值的信息,帮助平台提升用户体验和增加商业收益。

1.用户行为分析

用户行为分析是社交网络数据分析中最常见的应用场景之一(图6-11)。通过分析用户的发帖、评论、点赞、分享、好友互动等行为,社交网络平台可以了解用户的兴趣、偏好和行为习惯。这些信息可以用于个性化推荐系统的优化,提升用户的留存率和参与度。例如,根据用户的浏览历史和点赞记录,平台可以推荐与其兴趣相符的内容,增加用户的活跃度。

图6-11　用户行为分析示意图

2. 社交关系挖掘

社交关系挖掘旨在分析用户之间的互动数据，识别社交网络中的关系模式和影响力。例如，通过分析用户之间的评论、点赞、转发等行为，可以发现用户的好友关系、粉丝关系以及“意见领袖”——那些在社交网络上拥有较大影响力的人物。了解这些关系有助于平台进行更精准的内容分发和广告投放。

3. 情感分析与舆情监测

通过分析用户的评论、帖子和消息，平台可以理解用户的情感倾向和观点，识别出社交网络中的热门话题和舆情趋势。情感分析和舆情监测有助于企业及时了解用户对品牌或事件的态度，并做出应对。例如，当某品牌推出新产品时，通过情感分析可以了解用户的初步反馈，帮助企业及时调整市场策略。

4. 用户画像构建

用户画像构建是指对用户的多维数据（如行为数据、社交数据、地理数据等）进行分析，绘制出用户的完整画像。这有助于平台更好地理解用户的兴趣和需求，从而进行精准营销。用户画像可以包括用户的基本信息（如年龄、性别、地理位置）、兴趣爱好、消费习惯等。

5. 社区发现与分析

在社交网络中，不同用户群体可能会形成不同的社区。社区发现旨在分析用户之间的互动模式和兴趣相似性，识别出这些社区，并研究其结构和行为特征。社区分析可以帮助平台识别出具有潜在价值的用户群体，并为这些群体定制内容和广告策略。

二、数据挖掘在社交网络数据分析中的应用原理

在社交网络数据分析领域,数据挖掘的应用主要依赖于多种机器学习算法和图分析技术。以下是几种常用的技术和原理。

(一)聚类分析

聚类分析是一种无监督学习方法,常用于用户细分和社区发现。通过聚类分析,平台可以将用户划分为不同的群体,每个群体中的用户具有相似的行为或兴趣特征。常用的聚类算法包括K-means聚类、层次聚类和DBSCAN等。聚类分析能够帮助平台识别出具有相似兴趣或行为模式的用户群体,从而更好地进行精准营销和内容推荐。

(二)图分析

社交网络本质上是一个复杂的图结构,节点代表用户,边代表用户之间的关系(如好友、关注、评论等)。图分析技术用于挖掘社交网络中的结构和模式,识别关键节点和社交社区。常用的图分析方法有PageRank算法(用于计算节点的影响力)、社群检测算法(如Girvan-Newman算法和Louvain算法,用于识别社交网络中的社区结构)等。

(三)情感分析

情感分析是一种自然语言处理技术,用于分析用户生成内容的情感倾向(如正面、负面、中性)。情感分析通常使用监督学习算法,如朴素贝叶斯分类器、支持向量机和递归神经网络。通过分析用户的评论和帖子,情感分析能够帮助平台理解用户的态度和情感变化。

(四)关联规则挖掘

关联规则挖掘用于发现用户行为之间的关联模式。例如,通过分析用户的点赞和评论数据,平台可以识别出用户对某些内容组合的兴趣。这些关联规则可以用于优化内容推荐和广告投放策略。Apriori算法和FP-Growth算法是常用的关联规则挖掘算法。

(五)分类和回归分析

分类和回归分析用于预测用户的行为或兴趣,例如预测用户是否会继续使用某类平台、对某种广告是否感兴趣等。常用的分类算法包括决策树、随机森林、逻辑回归和神经网络等。回归分析则用于预测连续变量(如用户的活跃度评分或广告点击率)。

6.5 智慧城市领域的应用

智慧城市(图6-12)是一个以信息技术为核心的新型城市形态,通过将物联网、大数据、云计算和人工智能等技术相结合,来优化城市的基础设施和公共服务,提高城市管理效率和居民生活质量。在智慧城市的建设中,数据挖掘技术起到了关键作用,通过对大量城市数据的分析和处理,帮助城市管理者做出更加科学的决策。在本节中,我们将详细介绍数据挖屈在智慧城市领域的应用及其应用原理,以及具体应用实例及实现过程。

图6-12　智慧城市示意图

一、数据挖掘在智慧城市数据分析中的应用

(一)智慧城市简介

智慧城市是指通过信息技术来管理城市资源和服务,目的是提高城市的运行效率,改善市民的生活质量。智慧城市的建设需要收集和分析大量的数据,如交通流量、能源消耗、环境质量等。在智慧城市中,数据挖掘技术可以帮助城市管理者优化资源配置,预测和解决城市问题。例如,通过分析交通数据,城市管理可以预测交通堵塞并提前采取措施疏导交通;通过分析能耗数据,城市管理可以优化能源使用,减少浪费。

(二)应用场景

在智慧城市的建设和运营中,数据挖掘技术被广泛应用于多个领域,旨在通过对城市数据的深入分析,提升城市的管理效率和居民的生活质量。以下是智慧城市数据应用的一些主要场景及相关定义。

1. 智能交通管理

智能交通管理是智慧城市的重要组成部分,旨在通过对交通数据的分析和优化,改善城市交通状况,减少交通拥堵,提高出行效率。智能交通管理系统通过收集道路监控摄像头、车载GPS、交通传感器和智能交通信号灯的数据,实时监测交通流量和路况信息,预测交通趋势,优化交通信号和路线规划(图6-13)。

图6-13　智能交通管理示意图

2.环境监测与管理

环境监测与管理是智慧城市建设中的另一个关键应用场景，旨在通过对空气质量、水体质量、噪声污染和气象数据的实时监测和分析，改善城市环境质量，保障居民的健康和安全。环境监测系统通过传感器网络收集城市各个区域的环境数据，并使用数据挖掘技术识别污染源和预测环境趋势，支持城市环境管理决策。

3.公共安全与应急响应

智慧城市的数据挖掘技术还广泛应用于公共安全和应急响应领域。通过对监控视频、报警数据、社交媒体数据和市民反馈数据的分析，公共安全系统能够提前识别潜在的安全威胁，提供实时预警，优化应急响应策略。例如，在大型活动或自然灾害期间，数据挖掘技术可以预测监测人群流动和事故发生概率，帮助相关部门提前部署应急资源。

4.智慧能源管理

智慧能源管理系统通过对能源消费数据的实时监测和分析，优化能源分配，提高能源利用效率，减少能源浪费。数据挖掘技术可以分析城市各区域的用电、用水、供热等数据，识别能源消耗的高峰期和低效环节，优化能源调度和节能措施。

5.智慧医疗与公共健康

智慧医疗是智慧城市的一个重要组成部分，旨在通过对医疗数据和公共健康数据的分析，提升医疗服务质量和公共健康水平。数据挖掘技术可以用于分析患者的电子健康记录、医院的运营数据、传染病的传播数据等，优化医疗资源配置，预测疾病暴发趋势，提升公共健康管理能力。

二、数据挖掘在智慧城市数据分析中的应用原理

在智慧城市的数据应用中，数据挖掘主要依赖于多种机器学习算法、统计分析方法和大规模数据处理技术。以下是几种常用的技术和原理。

（一）时间序列分析

时间序列分析是智能交通管理、环境监测和智慧能源管理中的关键技术。通过分析历史数据的时间序列模式，时间序列分析可以预测未来的趋势和变化，帮助城市管理者优化交通信号、环境治理措施和能源调度。常用的时间序列模型包括自回归积分滑动平均模型、长短期记忆神经网络等。

（二）聚类分析

聚类分析是一种无监督学习方法，常用于智慧医疗、环境监测和公共安全中的模式识别和异常检测。通过聚类分析，系统可以将

相似的数据点分为同一类，识别出数据中的模式和异常。例如，聚类分析可以用于识别环境监测数据中的污染异常点，或发现公共安全数据中的异常行为模式。

（三）分类和回归分析

分类和回归分析是智慧城市数据应用中的常用技术，广泛应用于智能交通、智慧医疗和公共安全领域。分类算法用于预测离散类别（如事故类型、污染源类别等），常用的算法包括决策树、随机森林、支持向量机等。回归分析用于预测连续变量（如交通流量、空气质量指数等），常用的算法包括线性回归、梯度提升树等。

（四）图分析

在公共安全和智慧能源管理中，图分析技术用于分析城市网络结构和节点之间的关系。通过构建城市交通网络、电力网络或社交网络的图模型，数据挖掘技术可以识别关键节点、检测异常流量或发现潜在威胁。常用的图分析方法包括PageRank算法、最短路径算法、社区检测算法等。

（五）深度学习

深度学习在智慧城市的多个领域中得到了广泛应用，特别是在智能交通管理和智慧医疗领域。深度学习模型（如卷积神经网络、递归神经网络）可以自动学习和提取数据中的特征，用于图像识别、语音识别、预测分析等任务。

数据挖掘

第七章 展望数据挖掘技术的未来

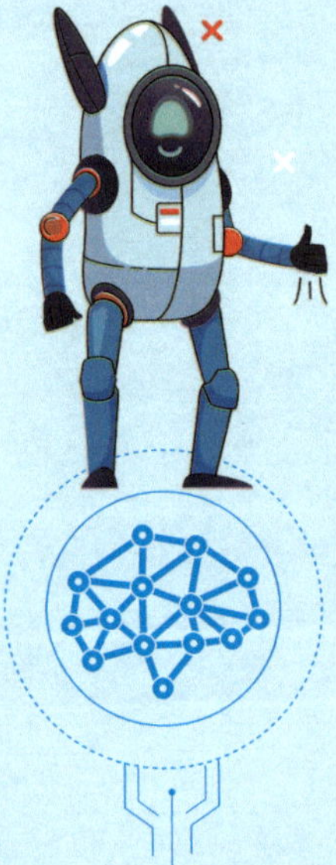

7.1 技术深化与融合

一、与人工智能的深度融合

未来,数据挖掘技术与机器学习、深度学习等人工智能技术的结合将愈发紧密。机器学习算法将不断优化数据挖掘模型,使其能够自动学习和适应数据的变化,提高预测的准确性和效率。例如,深度学习中的神经网络架构可用于处理复杂的图像、语音等非结构化数据挖掘任务,自动提取数据中的特征和模式,为图像识别、语音识别等领域提供更强大的支持 。未来,我们可能会看到更加智能的数据挖掘系统,它能够像人类专家一样理解和分析数据,甚至在某些特定领域超越人类的认知能力。

二、大数据处理技术的协同发展

面对海量、高速增长的数据,数据挖掘将与大数据处理技术如Hadoop、Spark 等深度协同。这些技术能够提供高效的数据存储和处理能力,使数据挖掘算法能够在大规模数据集上快速运行,挖掘出更有价值的信息。同时,实时数据处理框架的发展将使数据挖掘能够更好地满足实时性要求,如实时监测网络流量中的异常行为、实时分析金融市场的交易数据等。未来,数据挖掘将能够更及时地响应数据的变化，为决策提供更快速、准确的支持。

三、云计算助力数据挖掘

云计算平台将为数据挖掘提供强大的计算资源支持，使企业和研究机构能够在无需大量硬件投资的情况下，快速部署和运行数据挖掘任务。云计算的弹性扩展能力，可以根据数据挖掘任务的规模动态调整计算资源，降低成本并提高效率。此外，云服务提供商还将提供更多的数据挖掘工具和服务，进一步降低数据挖掘的门槛，促进其广泛应用。未来，云计算将使数据挖掘更加普及，让更多的企业和个人能够受益于数据挖掘技术。

7.2 应用拓展与创新

一、医疗健康领域的深度应用

随着医疗信息化的加速，数据挖掘在医疗健康领域的应用将不断深化。通过挖掘大量的电子病历、医学影像、基因数据等，医疗机构可以建立疾病预测模型，提前发现疾病，为预防和早期干预提供依据。例如，利用数据挖掘技术分析患者的病史、症状、检查结果等数据，预测疾病的发生概率和发展趋势，帮助医生制定更加个性化的治疗方案。同时，数据挖掘还可以用于医疗质量评估、药物研发等方面，提高医疗服务的质量和效率。

二、金融领域的创新应用

在金融领域，数据挖掘将在风险预测、投资决策、反欺诈等方面发挥更大的作用。金融机构通过综合考虑市场行情、用户行为、宏观经济数据等因素，建立更精准的风险评估模型，提前预警和防范金融风险。例如，利用数据挖掘技术分析客户的消费行为、信用记录等数据，评估客户的信用风险，为金融机构的信贷决策提供支持。在投资决策方面，数据挖掘可以帮助投资者发掘市场趋势和预测投资机会，提供更科学的决策依据。此外，数据挖掘还可以用于反欺诈检测,通过分析交易数据、用户行为等信息,及时发现和防范欺诈行为,保护金融机构和保障客户的利益。

三、智慧城市建设中的应用

数据挖掘将为智慧城市的建设提供核心技术支持,涵盖交通、能源、环境、公共安全等多个领域。在交通管理方面,对交通流量数据的挖掘,可以实时监测交通状况,优化信号灯设置,缓解交通拥堵;在能源管理方面,对能源消耗数据的挖掘可以实现能源的合理分配和节能减排;在环境保护方面,利用数据挖掘技术分析环境监测数据,及时发现环境污染源,采取有效措施保护环境;在公共安全方面,对犯罪数据、社会舆情等信息的挖掘,提前预警和防范各类安全事件,维护社会稳定。

四、教育领域的应用

随着教育信息化的推进,数据挖掘在教育领域的应用将逐渐兴起。挖掘学生的学习行为、成绩数据、课程评价等信息,可以了解学生的学习特点和需求,为个性化教育提供支持。例如,根据学生的学习进度和知识的掌握程度,为其推荐适合的学习资源和学习路径,提高学习效果。同时,数据挖掘还可以用于教育质量评估、教学资源优化等方面,促进教育的公平和提升教育质量。

7.3 隐私保护与安全强化

一、隐私保护技术的发展

随着数据挖掘对个人隐私和企业商业秘密的潜在威胁日益受到关注，隐私保护技术将成为数据挖掘领域的研究重点。差分隐私、同态加密等先进的加密技术将得到更广泛的应用，使数据在挖掘过程中能够保持加密状态，只有最终的挖掘结果才能被解密，从而有效保护数据的隐私性。同时，数据匿名化技术也将不断改进，在保证数据可用性的前提下，更好地隐藏个人身份信息。

二、数据安全管理的加强

企业和组织将建立更加严格的数据安全管理制度，加强对数据挖掘过程中数据访问、存储、传输等环节的安全控制。采用多因素身份验证、访问控制列表、数据水印等技术手段，防止数据泄露和非法访问。此外，数据挖掘服务提供商也将面临更严格的监管要求，相关部门需要采取有效的安全措施保护用户数据，确保数据挖掘活动的合法性和安全性。

7.4 可视化与可解释性提升

一、可视化工具的创新

未来的数据挖掘将更加注重用户体验，可视化分析工具将不断创新和发展。通过直观易懂的图形化界面，用户可以更方便地进行数据探索、模型构建和结果解读。例如，采用交互式可视化技术，用户可以动态地调整数据挖掘参数，实时查看结果的变化，从而更好地理解数据和模型之间的关系。此外，可视化工具还将支持更多的数据类型和分析方法，满足不同用户的需求。

二、模型可解释性的增强

随着数据挖掘模型的复杂度不断提高，可解释性成为一个重要问题。研究人员将致力于开发更具可解释性的数据挖掘算法和模型，使决策者能够理解模型的决策过程和依据。例如，通过特征重要性分析、局部可解释性模型等技术，为复杂的机器学习模型提供解释，帮助用户更好地信任和应用数据挖掘结果，尤其是在一些对决策可靠性要求较高的领域，如医疗、金融等。

7.5 跨学科合作与人才培养

一、跨学科研究的深入

数据挖掘作为一门综合性学科，将与数学、统计学、计算机科学、物理学、生物学等多个学科进行更深入的融合。跨学科研究将为数据挖掘带来新的理论和方法，解决数据挖掘中的复杂问题，推动数据挖掘技术的创新发展。例如，在生物信息学领域，结合生物学知识和数据挖掘技术，对基因数据进行挖掘，发现基因之间的相互作用和与疾病相关的生物标志物。

二、专业人才的培养

随着数据挖掘技术的广泛应用，对专业人才的需求将持续增长。高校和研究机构将加强数据挖掘相关专业的设置和课程建设，培养具备扎实的数学基础、熟练的编程技能、深厚的数据挖掘理论知识和丰富实践经验的复合型人才。同时，企业也将加大对员工的数据挖掘技能的培训力度，提高员工的数据素养和数据分析能力，以更好地适应数字化转型的需求。